现代果树简约栽培技术丛书

丛书主编　冯建灿　郑先波

现代苹果简约栽培技术

主　编　白团辉
副主编　焦　健　宋春晖　黄　松

U0364388

黄河水利出版社
·郑州·

图书在版编目(CIP)数据

现代苹果简约栽培技术/白团辉主编.—郑州:黄河水利出版社,2018.10

(现代果树简约栽培技术丛书)

ISBN 978 – 7 – 5509 – 2191 – 7

Ⅰ.①现… Ⅱ.①白… Ⅲ.①苹果 – 果树园艺 Ⅳ.①S661.1

中国版本图书馆 CIP 数据核字(2018)第 244779 号

组稿编辑:岳晓娟 电话:0371 – 66020903 E-mail:2250150882@qq.com

出　版　社:黄河水利出版社
　　　　　　地址:河南省郑州市顺河路黄委会综合楼 14 层 邮政编码:450003
发行单位:黄河水利出版社
发行部电话:0371 – 66026940、66020550、66028024、66022620(传真)
　　　　　　E-mail:hhslcbs@126.com
承印单位:河南瑞之光印刷股份有限公司
开本:890 mm × 1 240 mm 1/32
印张:4.75　　　　　　　　　　　　插页:8 页
字数:144 千字　　　　　　　　　　印数:1—1 500
版次:2018 年 10 月第 1 版　　　　　印次:2018 年 10 月第 1 次印刷
定价:28.00 元

现代果树简约栽培技术丛书

主　编　冯建灿　郑先波

《现代苹果简约栽培技术》编委会

主　　编　白团辉
副主编　焦　健　宋春晖　黄　松
参编人员　李　明　杜小亮　罗艳杰　张亚如

　　现代果树简约栽培技术系列丛书由河南省重大科技专项（151100110900）、河南省现代农业产业技术体系建设专项（S2014 - 11 - G02,Z2018 - 11 - 03）资助出版。

前　言

　　苹果是我国主要的栽培果树树种之一,其面积和产量均居世界首位,发展苹果产业,对乡村振兴、增加农民收入、调整产业结构具有重要的意义。在我国,苹果产业为劳动密集型产业,随着城镇化进程的加快、农村大批青壮年劳动力的流失,苹果生产中劳动力短缺及人员老龄化现象越来越突出,成为制约苹果生产效益提高的主要因素,苹果简约化栽培管理成为必然选择。世界上苹果生产技术先进的国家大多实现了由乔化栽培向矮化栽培的转型。虽然我国是世界苹果生产大国,但是矮化苹果在我国所占的比重较小,始终没有成为栽培的主流。据调查,在苹果生产用工高峰期如疏花疏果、套袋时期,劳动力紧张,用工的价格不断上涨,这个环节的投入占成本的1/3甚至更多。如何减少用工投入已经成为我国苹果生产中的关键问题。随着社会经济的发展,我国“廉价劳动力”的时代已经结束,低成本竞争优势将逐步丧失。因此,必须变革现有苹果栽培管理模式,简约化栽培是现代苹果产业转型升级的有效途径之一。

　　简约化省工栽培是通过选用短枝型或柱状型苹果品种,使用矮砧密植,大苗建园,水肥一体化,简化整形修剪技术,开发适应我国国情的果园机械,实现大规模管理的机械化操作,降低生产成本,走简约化、标准化和机械化道路,实现由传统的苹果产业向现代化的苹果产业的转变。苹果简约化栽培将是果树生产上的一场革命,会使果品生产变得简单,用工更少、用肥料更少、用农药更少,将会使生产成本降低30%左右,从而产生巨大的经济效益和社会效益。

　　本书重点阐述了苹果简约化栽培的各项关键管理技术,主要包括:苹果果园建立、苹果生物学特性、苹果优良品种介绍、苹果育苗关键技术、苹果的整形修剪技术、苹果的花果管理技术、苹果土肥水管理技术和苹果病虫害防治。紧密结合我国苹果生产实际,从实用性出发,总结苹果简约化栽培在我国的发展经验和教训，将苹果简约化栽培的发展与我国国情有机结合起来，实现苹果简约化栽培的本土化，发展具有中国特色的简约化栽培模式，以促进我国苹果产业的可持续发展。

本书共分8章，第一章介绍了苹果果园建立，由黄松编写；第二、三章阐述了苹果的生物学特性及优良品种介绍，由宋春晖编写；第四章阐述了苹果育苗关键技术，由焦健编写；第五章阐述了苹果整形修剪技术，由白团辉编写；第六章阐述了苹果的花果管理技术，由罗艳杰编写；第七章阐述了苹果土肥水管理技术，由赵乾编写；第八章阐述了苹果病虫害防治，由杜小亮编写。丛书由冯建灿、郑先波策划、主编、统稿、审定。全书从简约化栽培的角度阐述了苹果各个生产环节的新模式，为苹果的简约化栽培生产提供了参考。

编　者

2018 年 5 月

目　录

第一章　苹果果园建立

苹果是多年生植物,建园时园地选择是否得当、品种密度是否合适,对于早果、丰产、优质、高效极其重要。苹果园建立质量的好坏,是苹果树能否早结果、早丰产的基础,关系到整个果园长期的效益。进行科学的果园设计与栽植,是果业生产现代化、商品化和集约化栽培的首要任务与重要工作。

第一节　园地选择

当进行园地选择时,应综合考虑当地的气候条件、土壤条件、灌溉条件、地势和地形等情况,并且远离有污染的工矿区。坚持适地适栽原则,根据苹果对环境条件的要求,精心选择地块。苹果喜欢土层深厚、肥沃、保墒性好、疏松的土壤。果园附近应有充足的深井水或河流、水库等清洁水源,能够及时灌溉,以满足苹果不同生长时期对土壤水分的需要。选择园地时,还应做到旱能浇、涝能排,尤其注意夏季要能排涝。苹果树最适宜的气候条件为:年平均气温在 8～12 ℃,年降水量为560～750 mm。1 月中旬平均气温在 -14 ℃以上,年极端最低温度为-27 ℃,6～8 月平均气温为 14～23 ℃。土层深度在 1 m 以上,土壤pH 在 5.5～7.5,土壤含盐量在 0.3% 以下,地下水位在 1 m 以下。

苹果树适合于平原、丘陵和坡地栽培,但是以地势平坦或坡度角小于 5° 的缓坡地建园较好。因为该种地势光照充足、昼夜温差大、通风良好,有利于生产优质苹果。建立高标准的苹果园最好是集中连片,形成一定的规模,规模化建园面积至少在 100 亩❶以上,便于统一管理和技术指导。最好选南坡或西南坡建园,坡度在 10°～20° 的山坡地段,

---

❶　1 亩 =1/15 hm² ≈666.67 m²。

应先修梯田,后栽树。此外,所选园地要求交通便利,以便于物资(水泥柱、钢丝、苗木等)和果品的调运与出售。为了降低建园成本,提高土地利用率,建园土地要求平整,附属物较少,园内地台高度应小于1 m,地块内有老果园、坟地、建筑物、高压电塔、电线杆、地下管道等障碍物,需要迁移、隔离保护的土地应慎重考虑。

第二节　果园的规划与设计

果园一般分为大田生产区和建筑区,为了便于管理,大田可以根据面积大小划分为若干个小区。建筑区主要包括办公场所、蓄水池、泵房、生产资料库房、停车场等。

一、园地规划

根据果园任务及当地具体情况,本着合理利用土地、便于管理的原则,绘出1:1 000的地形图;为了便于管理,果园在定植前先划为大区,每个大区再划分为若干个小区。小区作为果园的基本生产单位,是为管理上的方便而设置的。如果园面积较小,也可不设作业区。作业区的面积、形状、方位都应与当地的地形、土壤条件及气候特点相适应,要与果园的道路系统、排管系统以及水土保持工程的规划设计相互配合。

二、道路规划

果园的道路是果园中不可缺少的重要设施。道路规划设计合理与否,直接影响果园的运输和作业效率,甚至会因为运输路线不好,降低了产品的质量。因此,在建园时必须予以足够的重视。果园的道路主要由干路、支路、小路三级组成。干路担负着园内外和大区之间的交通,贯穿果区,能够通行汽车,为大区的分界。支路为主要生产路,服务于一个或几个小区,能通行小型农用车。小路多为小区内的作业道,能够通行小型拖拉机,根据需要设计。在规划各级道路时,应注意与作业区、防护林、排管系统、输电路线以及机械管理等相互结合。山地果园的道路应根据地形布置。顺坡道路应选坡度较缓处,根据地形特点,迁回盘绕修建。横向道路应沿等高线,按 3% ~5% 的比降,路面内斜 2°~3°修建,并于路面内侧修筑排水沟。支路应尽量等高通过果树行间,并选在小区边缘和山坡两侧沟旁,以与防护林结合为宜。

三、排灌系统规划

排灌系统是果园的重要工程设施,是保证果树正常生长和增产的重要条件。目前,果园的灌水方法有地面灌溉、喷灌和滴灌等。地面灌溉因具体的方式不同,又可分为分区灌水、树盘灌水、沟灌、穴灌等。地面灌溉简单易行、投资少,仍然是目前最广泛、最主要的一种灌水方法。其缺点是灌溉用水量大,灌水后土壤易板结,占用劳动力多,不便于果园机械化操作。滴灌是将具有一定压力的水通过管道输送到田间,形成细小的水滴,像下雨一样,均匀地滴在果树周围。实践证明,滴灌具有增产、省水省工、保土保肥、适应性强,便于实现果园水利机械化、自动化等优点,是一种先进的灌水方法。

四、辅助建筑物规划

果园建筑物包括办公室、财会室、工具室、包装场、配药室、果树储藏库及休息室等。其中办公室、财会室、工具室、包装场、配药室、果树储藏库等均应设在交通方便的地方。在 2~3 个作业区的中间,靠近干路和支路之处设立休息室及工具库。在山区,应遵循物资运输由上而下的原则,配药场应设在较高的位置,而包装场、果品储藏库等均应设在较低的位置。果园外不远处还应有个沼气池,供应有机肥。

第三节 品种选择与授粉树的配置

一、品种选择

如何正确选择苹果品种,成了目前想建苹果新园的果农和企业首先要考虑的问题。苹果品种本身优良的性状和适应性是选择品种的主要依据,但是这些优良性状是否是当地实际需要的,才是真正决定该品种是否适宜在当地发展的关键因素。

苹果品种选择时应注意以下几点。

(一)根据生产目标选择品种

从事苹果生产,要求根据气候和立地条件,确定生产目标。如果进行用于果汁加工的苹果生产,在品种选择上主要考虑高酸品种,目前主要有'澳洲青苹'等。如果进行鲜果生产,目前可选品种较多,但主要还是'富士优系'、'元帅优系'、'嘎啦优系'等品种。在非优生区,苹果生产有两个思路:一是选用普通品种,走产量效益型路子。非优生区大都肥水条件较好,有些还具备灌溉条件,这就为产量取胜奠定了基础,果品消费上也不是所有的人都有能力吃高档商品果,到任何时候,中低档果品都有市场。二是走品种差异化的道路,简单地说,就是选择中早熟品种,错开上市时间。一般来说,非优生区都是稍微靠南的低海拔区域,较优生区苹果反而能提前成熟10多天,如果选用品质优良的中早熟品种,就有可能取得较好的经济效益。

(二)因地制宜选择品种

品种的选择主要依据当地气候条件、市场需求以及农户的管理水平。家庭农场式的小面积种植可以选择1~3个品种,企业投资的大面积种植基地可以早、中、晚熟合理搭配,延长果品的供应时间,同时试种一些新品种,作为后备的品种资源。西北黄土高原苹果产区海拔较高、气候干燥、昼夜温差大,是栽培富士苹果的适宜地区,当地生产的果品色泽鲜艳、风味好、耐储存,是国内高档果品市场的主要货源地;而在黄河故道东部地区,海拔较低、夏季降雨多、温差小,富士苹果在这些地区口感和品质表现不佳,而且病害十分严重。高纬度果区昼夜温差大,物候期较晚,应选择'烟富3号'、'礼泉短富'等晚熟品种。

(三)选择适合当地发展的特色品种

以市场和消费需求为导向,适度多样化发展特色品种,以满足消费者的不同需求。比如,近几十年来黄色苹果品种的栽培日益减少,原来大面积栽培的金冠和有一定栽培规模的'王林'、'印度'等已经成了市场稀有果品,适度发展这类品种可有效解决品种色系单一的问题。日本在这方面已经提早迈出了步伐,近些年在有计划地推广'黄王'等黄色品种,其四大主栽品种之一的'王林'也是黄色品种。

二、授粉树的配置

苹果树在建园时需配置授粉树。授粉树必须适应当地的气候条件,与主栽品种的结果年龄、开花期、树体寿命等方面相近,要求质量好、花粉量大,可与主栽品种相互授粉。一般授粉树按照15%～20%的比例配置。主栽品种与授粉品种之间的距离应在20 m以内。目前,苹果矮砧宽行密植栽培模式通常采用海棠类专用授粉树行内配置,每隔10～15 m配置一棵授粉树。

第四节 栽植与栽后管理

苹果矮砧宽行密植栽培模式(见附图1-1),应用矮化砧木,采用宽行密植,提倡用大苗建园,欧洲一般采用优质无病毒壮苗建园,理想的苗木高度为1.5 m以上,干径1.0～1.3 cm。在合适的分枝部位有6～9个分枝,长度在40～50 cm。优质壮苗的主根健壮,侧根多,大多数长度超过了20 cm,毛细根密集。采用苹果矮化大苗建园,可达到当年栽树、翌年结果的效果(见附图1-2),比传统建园提早结果1～2年,为苹果早果丰产、高标准建园打好基础。

M9－T337矮化自根砧木见附图1-3。

一、苗木处理

苗木定植前需要将根部在清水中浸泡,使苗木吸足水分,提高苗木定植后的成活率。浸苗池在果园内选择距离水源较近的地方开挖,浸苗池内铺设防水塑料布(见附图1-4)。正常苗木浸泡根系12～24 h,超过24 h则需要更换新水。浸泡好的苗木在定植前需要蘸生根粉,使用倍数为5 000～7 000倍,可以用清水配制成溶液,也可以用清水加土配制成稀泥浆。苗木从浸苗池中取出,根系在生根粉溶液或泥浆中蘸一下就可以定植。

二、栽植技术

栽植株行距一般为(1.0~1.5)m 至(3.5~4.0)m。苗木定植一般在 3 月下旬至 4 月上旬。把苗木放入定植穴中,伸展根系,纵横方向对齐,再开始埋土,土中可混入少许磷肥和有机肥,但不宜过多,防止烧根。在埋土过程中,用手轻轻把苗木稍向上提动 2~3 次,使根系充分舒展并与土壤密接。最后用脚踏实,深度与原来苗圃的入土位置相同。矮化自根砧苗木,结合品种特性和当地的气候条件,一般认为'嘎啦'、'金冠'、'粉红女士'、'蜜脆'等容易挂果的品种砧木露出地面 5~10 cm,'富士系'等品种成花较难,砧木露出地面 10~20 cm。

苹果苗木定植与支撑系统见附图1-5。

三、定植后管理

(一)及时浇水

幼树栽植后应立即灌足水,等水充分渗入后再覆土,之后,夏季如果温度高、天气干旱,应再灌水一次。这是保证栽植成活率的关键。安装滴灌系统的果园,在种植完一个灌溉小区后就可以立即浇水,第一次浇水量较大,深度为 30 cm 以上,从地面上看湿润土壤呈带状。以后当地表土壤变干时,就应及时浇水,直至苗木成活。

(二)苗木固定

矮化自根砧苹果大苗带有分枝,地上部分较大,为防止苗木随风摇动及倒伏,定植后需要立即进行绑缚。目前,普遍使用竹竿作为支撑材料,购买时应选择基部直径为 1.5~2.0 cm、长度为 3.2~3.5 m 的竹竿。竹竿插入地面 15~20 cm,地上部分用细扎丝固定在格架系统的钢丝上,苗木绑缚在竹竿上。大面积建园可以选择购买绑枝机进行绑缚,中心枝干要紧紧地绑缚在竹竿上,以免树体晃动;也可以选择购买橡胶或塑料材质的专用绑缚材料,但其成本较高。小面积果园可以选择用塑料扎绳,每年冬季需要注意解绑,避免绑枝材料勒入树皮。

(三)整形修剪

矮化自根砧大苗上的分枝是定植后第二年结果的主要部位,需要尽量保留,但是个别分枝不符合高纺锤形的整形要求,定植后需要尽早剪除,避免营养浪费。需要剪除的枝条主要有:枝干比大于$\frac{2}{3}$的主枝、夹角小于30°的主枝和基部受伤的主枝。剪口呈马蹄形,保留 1～2 cm 的树桩,伤口可以涂抹油漆或保护药剂。每株苗木最多疏除 2 个大枝。为了控制树势、促进开花结果,自根砧大苗上长度大于 40 cm 的主枝需要全部拉开。'富士系'苹果苗木成花较难,拉枝角度为 100°～120°;'嘎啦系'、'元帅系'、'金冠'、'粉红女士'、'蜜脆'、'魔笛'等易于成花的品种,拉枝角度为 90°～100°。枝条越粗壮,长度越大,拉枝角度越大;反之,拉枝角度越小。

苹果专用授粉树红玛瑙见附图 1-6。

第二章　苹果生物学特性

第一节　根　系

一、果树根系类型

按照根系的发生条件及来源,果树根系可分为以下三类。

(一)实生根系

从种子胚根发育而来的根系称为实生根系。实生根系一般主根发达,分布较深广,生理年龄年轻,生命力强,寿命长,对外界环境适应力强。但由于是种子繁殖,个体间变异较大,'平邑甜茶'等无融合生殖的类型除外(见附图2-1)。由种子繁殖来的实生砧木都属此类根系。

(二)茎源根系

通过扦插、压条、组织培养等繁殖方式所获得的个体,其根系来源于茎上的不定根,称为茎源根系(见附图2-2)。其主根不明显,但有根干(原母体部分)根系分布浅,生理年龄较老,生活力较弱,对环境适应能力较差,寿命较短。但因来源于同一品种或母体,其个体间差异较小。苹果矮化自根砧以及试管苗的生根繁殖都是茎源根系。某些品种在潮湿的气候下,根茎附近的主干容易形成气生根,也属于茎源根系。

(三)根蘖根系

在根上发生不定芽形成根蘖苗,与母体分离后成为独立的个体,其根系即为根蘖根系。根蘖根系往往不完整,分布浅,生活力较弱,类似于茎源根系。

苹果根系从功能上可分为两类:一类为具有次生结构的褐色或黄褐色的根系,主要起固定、储藏和输导功能,在发育过程中有的更新死亡,有的转化为多年生次生根;另一类为具有初生结构的白色根,主要起吸收、合成功能,在发育过程中,吸收根更新死亡,强旺的生长根则转化为次生根。

二、果树根系的结构

由种子繁殖的实生砧木,根系由主根、侧根和须根组成。由种子胚根发育而成的称为主根,在主根上面着生的粗大分根称为侧根。主根和侧根构成根系的骨架,称为骨干根,其主要功能是支持、固定、输导、储藏。侧根上形成的较细(一般直径小于 2 mm)的根称为须根。苹果自根砧苗根系由侧根和须根组成,没有主根。须根是根系中最活跃的部分。

在根系生长期间,须根上长出许多比着生部位还粗的白色、饱满的新根,称为生长根。生长根具有较大的分生区,粗壮,生长迅速,每天可延伸 1～10 mm。苹果生长根的平均直径为 1.25 mm,长度在 2～20 cm。生长根的主要功能是促进根系向根区外推进,延长和扩大根系分布范围,并发生侧生根。生长根也具有吸收的作用,但无菌根,生长期较长,可达 3～4 周,冬季可维持白色 11～12 周。生长根经过一定时间生长后,颜色由白转黄,进而变褐,皮层脱落,变为过渡根,内部形成次生结构,成为输导根,此过程为木栓化。木栓化后的生长根具次生结构,并随树龄加大而逐年加粗,成为骨干根或半骨干根。生长根自先端开始分为根冠、生长点、延长区、根毛区、木栓化区、初生皮层脱落区和输导根区。

对于长度小于 2 cm、粗 0.3～1 mm 的白色新根,多数比其着生部位的须根细,也具有根冠、生长点、延长区和根毛区,但不能木栓化和次生加粗,寿命短,一般只有 15～25 天,更新较快,称为吸收根。其主要功能是从土壤中吸收水分和矿质养分,并将其转化为有机物。吸收根具有高度的生理活性,是激素的重要合成部位,与地上部的生长发育和器官分化关系密切。吸收根数量远多于生长根,如苹果吸收根数量可占总根量的 90% 以上,一年生苹果树大约有 6 万条,总长相当于 250 m;成年树吸收根长度可达数千米。

根毛为生长根和吸收根的表皮细胞向外突起的管状结构,由含原生质及细胞核的细胞组成。它是果树根系吸收养分和水分的重要器官。根毛寿命较短,一般几天至几周即随吸收根的死亡和生长根的木栓化而死亡。当移栽、储存和运输苹果苗木时,要注意保护根毛,以便提高栽植成活率。

三、根系的生长规律

苹果的根在 3 ℃时开始生长,7 ℃以上生长加快,20 ~ 24 ℃最适于根系生长,低于 3 ℃和高于 30 ℃都停止生长。

根系在年周期中一般出现 2 ~ 3 次发根高峰,幼树多为 3 次,成龄结果树为 2 次。第 1 次高峰从萌芽前开始,到新梢旺盛生长转入缓慢,时间持续短,但发根多,主要发生细长根;春季随气温升高,根系开始活动,须根的先端生出白色吸收根,吸收矿质营养和水分供给树体。吸收根不断伸长,渐渐失去吸收作用,形成细长的过渡根。在生长过程中,这些过渡根少数加粗伸长。第 2 次高峰出现在新梢缓慢生长至停长期,由于地上部生长停止,当年制造的养分积累增多,土壤温度又适宜,因此发根势强,主要发生细根和网状根,但发根时间也较短。第 3 次高峰出现在秋梢缓慢生长以后至落叶休眠前,是一年中发根延续时间最长的一次高峰,发根数量也较多。大树的根系生长多表现为春秋两次高峰,即春暖以后根系开始缓慢生长,至 5 月下旬、6 月上旬出现高峰,而后转入缓慢,到 9 月上旬又开始较快生长,10 月上中旬出现高峰,一直持续到 11 月下旬。

苹果的根系生长受内外两种因素的影响。内因主要是砧木种类、品种长势及树体营养状况,如以'八楞海棠'作砧木,须根发达,长势健壮,而'山定子'则细长根多,分枝较稀疏。乔化实生砧木较无性系矮化砧木粗根多,而须根少;M 系矮化砧木根系构成以须根为主,而 SH 系和青砧系砧木须根均较少。

同一砧木嫁接的'红星'就比'金帅'根系发达,因为'金帅'结果早、产量高,树体的养分消耗大,向根部回流的就少。而'红星'长势强、结果晚,产量也比'金帅'低,所以'红星'的根系比'金帅'发达。

影响根系生长的外部因素主要是土壤温度、水分、通气状况、肥力高低和酸碱度。温度过低,易造成冻害;长期高温,根系也会死亡。因此,生产上可于早春锄地或用地膜覆盖提高地温,而炎热夏季,气温如达 35 ℃ 以上,则需地面盖草,防止直晒,从而使土壤温度保持在 20 ~ 25 ℃ 的适宜范围。有利于根系生长的湿度条件是田间持水量的 60% ~ 80%,低于 50%,根系生长受阻,低于 20%,根系即停止生长。土壤、空气中含氧量为 10% 以上时,根系才能正常活动,含氧量 15% 以上才能长新根,低于 5%,根系即停止生长,当土壤中的 CO_2 达到 10% 时,根的代谢机能就受到破坏。土壤肥沃,水、气、热平衡,苹果树的须根发达,吸收根多。当土壤 pH 为 5.7 ~ 6.7 时,根系生长良好。针对不同的土壤选择适宜的砧木,并采取有效措施改良土壤结构,提高土壤肥力,为根系生长创造最佳的环境条件,使根系发达、树体健壮,为稳定丰产奠定基础。

四、根系的分布和构型

研究显示,'寒富'苹果树龄达到 5 年时,根系的分布模式就已形成,定植后 6 ~ 8 年,根系密度和生物量达到最大,根系构型基本确立,8 年以后主要进行根系更新及根类组成的调整。

12 年生'八棱海棠'砧嫁接'长富 2 号',根系水平分布距离达 6.02 m,为冠径的 2.43 倍。但苹果根系的水平分布范围约有 60% 的根分布在树冠正投影之内。在土壤管理较好的果园中,根群的分布主要集中在地表以下 10 ~ 40 cm,耕作层和树盘管理至为重要。在土层深厚而肥沃的土壤,以及经常培肥管理的果园中,水平根的分布范围比较小,但须根较多;而干燥瘠薄的土壤,根系水平分布范围广,但须根稀少。

范伟国根据主根和侧根的关系,将苹果的幼树根系构型分为 5 种类型:浅层多分枝根型、均匀分枝根型、疏远营养根型、分层营养根型和线性团状根型。

第二节 芽、枝和叶的生长特性

一、芽的分类

芽是长成植株、分化器官的基础。按照芽体在枝上着生的位置,可分为顶芽和侧芽;按照芽的性质,可分为花芽和叶芽;按照芽的质量,可分为饱满芽和秕芽。这些不同类型的芽,由于它们的分化程度不同,所起的作用也各不相同,将来长成的枝类型也不一样。

二、芽的分化与萌发生长

芽是长在枝上的,随着枝条伸长,接着就在叶腋中产生芽的原始体,以后再逐渐分化出鳞片、芽轴、节、叶原基等。一般充实饱满的苹果芽常有鳞片 6~7 片,内生叶原始体 7~8 个,有时壮枝上的壮芽可达 13 片叶原始体。外观瘦瘪、仅有少量鳞片和生长锥、没有叶原或仅 1~2 片叶原者为劣质芽。一个枝或一棵树充实饱满的芽的多少,也是衡量枝与植株生长强度的指标之一。

芽形成的当年多不萌发,经过自然休眠后,气温平均为 10 ℃左右时开始萌发。但在受到强刺激时,当年也会萌发生长,如摘心、早期摘叶、喷施细胞分裂素等,都会促使新形成的芽当年萌发。

当春季日夜平均温度为 10 ℃左右时,叶芽即开始萌动,一般'金冠'、'红星'萌芽温度为 10 ℃,而'富士'则为 12 ℃。叶芽萌发生长,芽鳞脱落,留有鳞痕,成为枝条基部的环痕。环痕内的薄壁细胞组织是以后形成不定芽的基础之一,苹果的短枝一次生长而形成顶芽的,都是由芽内分化的枝、叶原始体形成的。中、长营养枝的形成除由芽内分化的枝、叶原始体生成外,还有芽外分化的枝、叶部分。芽鳞片的多少、内生胚状枝的节数标志着芽的充实饱满程度。

苹果芽的萌发力和成枝力的强弱,常因品种不同而有差异。如'新红星'萌芽力强,而成枝力弱;'富士'萌芽力、成枝力均弱。萌发力弱的品种形成的潜伏芽数量多,潜伏芽的寿命也较长。

三、枝条的类型及其生长规律

(一)枝条的类型

苹果的枝条按其长度和特点分成6类:①叶丛枝:0.5 cm 以下,只有 2~3 片叶,有顶芽;②短枝:0.5~5 cm 长,有 5~6 片叶,有饱满顶芽;③中枝:5~15 cm 长,有 12~13 片叶,既有饱满顶芽,又有发育较好的侧芽;④长枝:15~30 cm 长,有 20 片叶以上,有的有顶芽和发育较好的侧芽,也有的没有充实的顶芽,但中部芽充实饱满;⑤发育枝:长度在 30 cm 以上,有明显的春秋梢,这类枝多处在树冠外围;⑥还有一种由潜伏芽产生,长势旺、节间长的称徒长枝。

(二)枝条的生长规律

苹果树的不同枝类,生长延续的时间不同。短枝、叶丛枝的生长期为 30 天左右;中枝和长枝为 50~60 天;发育枝生长期则长达 75~90 天或更长,而且表现出明显的节奏。不同品种、不同年份短枝停止生长的时间不同,在陕西杨凌,'嘎啦'短枝在 4 月 21 日(盛花后第 12 天)达到停止生长高峰期,而'富士'短枝在 4 月 26 日(盛花后第 15 天)达到停止生长高峰期。

苹果的发育枝从开始生长到停止生长一般要经过叶簇期(又叫新梢第 1 生长期)、旺盛生长期(新梢第 2 生长期)、缓慢生长及顶芽形成期(春梢停长期)、秋梢生长期(新梢第 3 生长期)四个时期:

(1)叶簇期:叶片簇生扩大,枝轴不见明显加长,一般保持 7~10 天。有的不再生长,形成顶芽,长成叶丛枝。

(2)旺盛生长期:叶簇期以后顶端生长点加速延伸,新梢生长加快,节间变长,叶片增大,此期间停止生长的枝条长成短枝或中枝。不停止生长而持续加长的,则长成长枝或发育枝。

新梢旺盛生长期需肥、水量最多,称为营养临界期。如果营养不足,新梢停止生长早,春梢短,中、短枝质量也差。

(3)缓慢生长及顶芽形成期:旺长之后生长速度减缓,部分渐渐停止生长,形成顶芽,长成中、长枝。另一部分又形成明显顶芽,待 7~8 月再次生长,将来长成秋梢。

(4)秋梢生长期:6月底7月初秋梢开始生长,一直持续到8月底停止生长。生长过旺或氮肥太多的幼树往往秋梢生长量大,生长延续时间过长,对越冬不利,严寒地区易发生抽条。

春梢一般在5月上、中旬生长最快,5月底6月初停止生长并形成顶芽。对于幼树和旺树,这类枝条停止生长一段时间后顶芽又开始秋梢生长,起初缓慢而后加快,在8月中旬前后形成第2次高峰,8月底停止生长。有春秋梢的发育枝常作为树势强弱及判断营养状况好坏的标志。发育枝越多、越长,树势越旺;春梢长、无秋梢或秋梢很短,说明树体储备营养充分。

基于上述情况,在栽培上应该调整技术措施,增加树体储藏营养,使新梢快长、及时停止生长,使短枝健壮、春梢加长,尽量减少或不出现秋梢生长期。

新梢生长的强度,常因品种和栽培技术的差异而不同。一般幼树期及结果初期的树,其新梢生长强度大,为80~120 cm;盛果期其生长势显著减弱,一般为30~80 cm;盛果末期新梢生长强度就更加减弱,一般在20 cm左右。大部分苹果产区新梢常有两次明显的生长,第一次春梢生长,第二次秋梢生长,春秋梢交界处形成明显的盲节。自然降水少,而且春旱、秋雨多的地区,春季没有灌溉条件的果园,往往是春梢短而秋梢长,且不充实,对苹果的生长发育极为不利。

四、叶和叶幕

(一)叶

苹果的叶片为单叶,叶原始体开始形成于芽内胚状枝上。当春季日夜平均温度为10 ℃左右时,叶芽即开始萌动。芽萌动生长,胚状枝伸出芽鳞外,开始时节间短、叶形小,以后节间逐渐加长、叶形增大,一般新梢上第7~8节的叶片才达到标准叶片的大小。

苹果成年树约80%的叶片集中发生在盛花末期几天之内,这些叶片是在上一年芽内胚状枝(叶原基)上形成的。当芽开始萌动生长,新形成的叶原基也相继长成叶片,约占总叶数的20%,是新梢生长继续延伸而分化的后生叶。苹果叶片从展叶到停止生长一般需要10~35

天。苹果叶生长成熟后,叶面积不再扩大,成为功能叶,能够进行光合作用,并输出光合产物,经6~8个月后,到秋季逐渐衰老脱落。

叶片是光合作用的器官,苹果叶质量与光合作用关系密切,优质叶的结构发育良好,大小适中,栅栏组织发达,比叶重大,表皮保护组织完善,叶色绿,光泽好,营养元素含量稳定。在叶片生长发育过程中,充足的光照和营养供应是形成优质叶的必要条件。叶片大小影响腋芽的质量,叶片大,光合机能强,其腋芽也相对比较充实饱满。新梢上叶的大小不齐,形成腋芽充实饱满的程度也各不相同,因而形成了芽的异质性。

叶的年龄不同,其对新梢生长所起的作用也不同。幼嫩的叶内产生类似赤霉素的物质,促使新梢节间的加长生长,成熟的叶内制造有机养分。这些营养物质与生长点的生长素一起,导致芽外叶和节的分化、增长,使新梢延长生长。成熟的叶还能产生脱落酸,起到抑制嫩叶中赤霉素的作用,如果把新梢上成熟的叶摘除,虽然促进了新梢的加长生长,但并不增加节数和叶数。由此可见,新梢的正常生长是成熟叶和嫩叶两者所合成的物质的综合作用。在生产上必须时刻重视保护叶片,才能获得新梢的正常生长。

(二)叶幕

叶幕指树冠内集中分布并形成一定形状和体积的叶群体。叶幕的结构与苹果树体生长发育和产量品质密切相关。丰稳产园叶面积指数一般为3~4,且在冠内分布均匀。叶幕过厚,树冠内膛光照不足,内膛枝不能形成花芽,枝组容易枯死,反而缩小了树冠的生产体积。

五、花芽的分化和形成

苹果花芽分化是年周期中的重要环节,它决定着幼树能否适龄结果、大树能否稳产丰产。苹果的花芽分化可分为生理分化期、形态分化期和性细胞形成期。

(一)花芽分化的时期

苹果的花芽是混合花芽,一般着生在短、中枝的顶端,有些品种长枝上部的侧芽也可形成花芽。不论哪种情况,花芽均在枝条停止生长后才开始分化,所以短果枝分化得最早,而中、长果枝则生长停止愈迟、分化愈晚,顶芽则比侧芽分化早。苹果树一年中有两个集中分化期:一是 6 ~ 7 月春梢停止生长后,二是 8 ~ 9 月秋梢停止生长后。前期主要是短枝和部分中枝顶芽成花,后期则主要是秋梢成花,包括腋花芽,摘心、秋剪后萌发的 2 次枝和 3 次枝,以及拉枝、拿枝以后促发的短枝顶芽成花。由于苹果以短果枝结果为主,花芽开始分化的早晚与树龄、树势有关。一般幼树生长旺、停止生长晚,花芽分化期也晚。在同一棵树上短果枝成花最早,中枝次之,长果枝较晚,而腋花芽最晚。

(二)花芽分化的条件

有关花芽分化的研究已有 100 多年的历史,提出了种种假说,也做出了若干解释,但尚未有统一的认识。通过对各家学说的分析认为,苹果花芽形成必须具备下列条件:

(1)芽的生长点细胞必须是接近停止生长而处于缓慢活动的芽,或者停止生长后受刺激再次活动的芽才有可能分化成花。必须处在缓慢分裂状态,已经进入休眠、生长点细胞停止分裂的芽不能分化花芽。

(2)营养物质积累达到一定水平:光合产物积累、物质基础雄厚是花芽形成的先决条件。特别是要有碳水化合物和氨基酸的积累,细胞液浓度较高。叶片多而大的短枝最易成花,就可说明这个问题。因此,从栽培角度,促进花芽形成的关键是要提高树体的整体功能和营养积累水平。在具备了营养物质基础时,再采用生长调节剂和其他促花措施才能奏效。

(3)适宜的环境条件:光照充足、温度在 20 ~ 25 ℃、土壤相对湿度为 60% ,是花芽分化的必要环境条件。

在生产上围绕上述条件,采取适当的措施,才能达到促花目的。最重要的应该是增加营养积累。

(三)花芽形成的过程

苹果整个花芽的形成分为生理分化期和形态分化期。果树花芽生理分化期是花芽形成的关键时期,又称为花芽孕育临界期,是指芽生长点由营养生长转向形成花芽的过程,这一过程的主要特点是:一系列成花基因的启动。该临界期是调控苹果花芽形成的关键时期。处于生理分化期的苹果花芽在形态上较难与叶芽区分。

　　进入形态分化期的花芽可以通过显微镜观察到。苹果花芽形态分化期可以分为 7 个时期,各时期芽的形态特征不同:1 期为花芽分化始期(转化期),2~3 期为花芽分化初前期,4 期为花芽分化初后期,5 期为花芽分化萼片期,6 期为花芽分化花瓣期,7 期为花芽分化雌雄蕊期。苹果完成整个花芽的形态分化过程所用时间较长。从 5 月底陆续开始分化,到 7 月中旬达到峰值,一直持续到 10 月初,时间长达 5 个月。花芽分化各阶段有交叉重叠现象。

　　红富士苹果短枝花芽发育各时期与树体物候期相联系的时间点为:花芽的生理分化期在短枝停止生长期(5 月下旬),花芽的形态分化期在新梢停止生长期前后(6 月下旬)开始。具体来说,花芽形态分化初期在 6 月下旬;花萼期、花瓣期和雄蕊期在果实迅速生长期(7~8月)开始进入,雌蕊期发生在果实着色期(9 月以后)。

　　不同的苹果品种进入花芽形态分化各时期是不同的。在陕西杨凌观察到苹果短枝顶芽进入形态分化期最早出现在 5 月底,一直持续到 7 月 15 日左右达到高峰期(第 2 个时期),此时'富士'短枝顶芽进入形态分化期的百分比(花芽占总花芽数的百分比)达到 50%,'嘎啦'达到 60%;花芽分化初前期,'富士'发生在 8 月初,'嘎啦'则发生在 9 月初;花芽分化初后期,'富士'发生在 8 月底,'嘎啦'则发生在 9 月中旬;花芽分化萼片期,'富士'和'嘎啦'都发生在 9 月中旬;花芽分化花瓣期,'富士'和'嘎啦'都发生在 9 月中下旬;花芽分化雌雄蕊期,'富士'发生在 10 月中上旬,'嘎啦'则发生在 9 月底 10 月初。

第三节　开花、坐果和落花、落果

一、开花

　　在苹果植株年周期的生命活动中,从外部形态上首先看出的是芽的萌动。在具有花芽的植株上,首先萌动的是花芽,而后才是叶芽(见附图 2-3)。花芽萌动通常较叶芽萌动早 7~15 天。大多数品种从花芽萌动到开花约需一个月的时间,最长可达 48 天。

一般日平均气温为 8 ℃以上时花芽开始萌动,日平均气温达到 15 ℃以上时多数苹果品种即开花。但不同地区开花早晚主要与当地、当年的气温有关,其实质是需热量问题,每个品种都需要一定的积温量才能开花。例如,对'元帅'来说,≥3 ℃的积温 281 ~ 288 ℃或≥5 ℃的积温 193 ~ 206 ℃,才能开花。各地应根据当地气候连续观察当地苹果开花所需要的积温,用来预测花期,为花期管理做好充分的准备。目前主要栽培的品种中,'秦冠'、'红星'开花较早,'金冠'、'华冠'、'华帅'开花居中,'富士'较晚,'国光'则最晚。

一个花芽从萌动到开花要经过一系列阶段:开绽期、吐蕾期、散蕾期、待放期、盛花期和落花期,这些阶段也就是通常所谓的开花物候期(见附图 2-4)。

开花早晚和花期长短除品种外,与气温和湿度有很大的关系。如气候冷凉、空气湿度大,花期延长;高温、干旱则花期短。华北大部分地区开花期在 4 月中下旬至 5 月上旬,多数品种的花期适温为 18 ℃左右。一般单花开放时间为 2 ~ 6 天,一个花序开完约 7 天,整个花期一般 8 ~ 15 天。

苹果每个花序的中心花先开,以后侧花顺次开放。短枝花先开,中、长枝随后,腋花芽最晚,具有腋花芽结果习性的品种,其花期延续较长。不同年龄的树相比,成龄树先开花,幼树则晚。

二、传粉、受精与坐果

据观察,苹果的花在开放前一天、开花当天及次日柱头分泌黏液最多,是最好的授粉时机。至第 3 日,黏液即开始减少,柱头开始变褐,即将失去授粉能力。

花粉粒落到雌蕊的柱头上以后,很快就萌发产生花粉管,在适宜条件下,24 小时便可伸入子房内的胚囊完成受精过程,最多不超过 3 天。经过受精的花朵子房内胚和胚乳开始发育,进一步发育成幼果。

花期湿度对授粉、受精影响很大。花粉发芽和花粉管生长需要 10 ~ 25 ℃的温度,以 20 ℃左右最好,因此花期温暖、晴天对传粉、受精最有利。苹果花粉管在常温下需 48 ~ 72 小时乃至 120 小时,可达到胚囊,完成受精作用需 1 ~ 2 天。花前或花期晚霜可能影响产量,性器官发育程度越好,抗冻能力越弱。盛开的花在 -3.9 ~ 2.2 ℃ 就可能受冻。雌蕊在低温下最先受冻,花芽未萌发时可解剖检查,死亡的雌蕊呈褐色;花粉较耐低温。

苹果是异花授粉结实的果树,生产上必须配置一定数量的授粉树,同时要在花期选择花粉量多、授粉结实率在 40% 以上、授粉亲和力高、有较高经济价值的品种,采其花粉进行人工授粉。另外,要创造适宜的传粉条件,在自然条件下,苹果是靠昆虫、风力实现传粉的,因此花期放蜂有助于传粉。

三、落花落果

完成正常受精的花朵,进一步发育形成胚乳和胚,胚在发育过程中能产生较多的生长素,促使养分向果实中运输,保证果实正常发育,将来长大成果实。但不是所有的幼果都能长大成果实,能否坐果的前提是受精。坐果以后能否长大,关键是营养。对未受精或受精不良及养分不足的幼果,则出现落花落果现象。

苹果多数品种花果脱落一般有三次高峰。第一次是落花,出现在开花后、子房尚未膨大时,此次落花的原因是花芽质量差、发育不良,花器官(胚珠、花粉、柱头)败育或生命力低,不具备授粉、受精的条件。第二次是落果,出现在花后 1 ~ 2 周,主要原因是授粉受精不充分,子房内激素不足,不能调运足够的营养物质,子房停止生长而脱落。第三次落果出现在花后 3 ~ 4 周(5 月下旬至 6 月上旬),又称 6 月落果。此次主要是同化营养物质不足、分配不均而引起的,如储藏营养少,结果多,修剪太重,施氮肥过多,新梢旺长,营养消耗大,当年同化的营养物质主要运输到新梢,果实内胚竞争力比新梢差,果实因营养不足而脱落。除以上三次落果外,某些品种在采果前 1 个月左右,果实增大,种子成熟,内部生长抑制物质乙烯、脱落酸含量增加,伴随着衰老的加剧,出现"采前落果",尤以'红星'表现较突出。

不适当的落花落果会造成减产。因此,生产上除满足授粉、受精条件外,还要加强树体管理,提高树体营养水平,并重视疏花疏果,合理负载,及时治虫保叶,使之不会因为营养不良而导致大量的落花落果。

第四节　果实的生长发育和成熟

一、果实发育过程

苹果树的果实从小到大要经过细胞分裂(增加细胞数量)和细胞体积膨大两个过程。在细胞分裂期,果实的纵径增加较快,细胞体积膨大期横径增长加快。细胞分裂期主要增加细胞数目,细胞数目越多,将来的果实可能越大。细胞分裂期开始于花原基形成,开花时暂时停止,开花后分裂加快,持续 20~30 天。细胞分裂期后细胞数目不再增加,主要是细胞体积膨大,使果实不断长大,直到成熟。在细胞体积膨大阶段,随着细胞溶解和细胞间隙的增大,果实横径迅速增长,果实由长圆变成椭圆或近圆形。到果实成熟时,果肉细胞间隙可占果实总容积的20%~40%。

在果实发育过程中,上述两个过程是紧密相关的、只有细胞数量多而体积又大时,果实才大。细胞分裂期长则有利于纵径增长,果形指数大,表现为高桩。如果把果实在不同间隔期内的体积与纵横径的增长值绘成曲线,则发现苹果以盛花期为起点,以果实成熟期为终点,果实纵横径的增长曲线为单 S 形。

二、果实大小

从果实发育过程看出,由果肉细胞数量和细胞体积决定着果实大小。因此,作用于前期细胞数量和后期细胞体积的内外界因素,都会对果实大小产生影响。影响果实大小的因素可分为遗传因素、栽培因素和环境因素。

(一)遗传因素

品种的基因是影响苹果果实大小的首要因素。基因会影响细胞数量和细胞大小。多数野生苹果果实较小,而栽培的苹果品种如'富士'、'秦冠'等的果实为大果型。

（二）栽培因素

负载量是影响果实大小的重要栽培因素。降低负载量可使果实变大。降低负载量主要是为剩余果实供应更多的营养,进而增加剩余果实的细胞数量。疏果进行得越早,增加果实大小的成功率越大。另外,修剪、授粉、营养和土壤管理等栽培措施也会影响果实大小。

（三）环境因素

影响果实大小的最重要环境因素是温度和光照。在果实发育的早期,果实生长的主要形式是细胞数量增多;在后期,果实生长的主要形式是细胞体积增大。果实生长的关键时期是开花后的前五周左右。早春温暖、阳光充足的天气比阴冷多云的天气更有利于果实体积增加。温暖的温度主要通过增加细胞大小来增加果实大小。

三、果形

果形是苹果外观品质的重要标志之一,通常以果形指数(果实纵径与最大横径比 L/D)来表示。通常果形指数越大,果形越高桩,该品种的市场潜力越大。苹果果形根据果形指数的大小,大致可分为 4 类:果形指数为 0.8 ~ 0.9,果实表现为圆形或近圆形;果形指数为 0.6 ~ 0.8,果实表现为扁圆形;果形指数为 0.9 ~ 1.0,果实表现为椭圆形或圆锥形;果形指数 > 1.0,果实表现为长圆形。花的质量、负载量、果实着生状态、气候条件等对果形有影响。花后气温凉爽湿润,有利于苹果纵径的伸长,但当花后气温过低(< 15 ℃)时,不利于细胞分裂而使果实趋于扁形、夏秋多雨则使果实横径增长较大,果形常易扁化。

四、硬度

果肉硬度也是果实品质的重要指标之一。果肉硬度不仅影响鲜食时的口感味觉,而且与果实的储藏加工性状相关。苹果果肉的硬度与细胞壁中的纤维素含量、细胞壁中胶层内果胶类物质的种类和数量以及果肉细胞的膨压等密切相关。不同品种的果肉细胞结构的差异可能是导致品种间质地差异的重要因子。从果肉断裂面结构的电镜扫描观察发现,不同质地类型、品种的果肉细胞结构存在差异,这种差异从果实膨大期开始显现,至成熟期最为明显。在果实成熟期,'富士'、'蜜脆'、'瑞阳'、'国光'等脆性好的品种,断裂边缘平滑整齐,形成脆性断口;'鸡冠'、'倭锦'、'秦冠'等脆性差的品种,断裂边缘呈毛糙锯齿性,断裂口向内收缩发生塑性形变。果实发育前期,细胞排列整齐紧密,细胞间接触面较大;硬度小、较绵的品种在成熟期出现较多的细胞整体分离。Kertez 对 17 个苹果品种的研究表明,凡是细胞壁纤维素含量高、胞间结合力强的品种,果肉硬度较高;当液泡渗透压大、果实含水量多时,薄壁细胞膨压大,果肉硬度高。在果实发育过程中,果胶类物质总量减少,果肉硬度随之降低,近成熟时,果实细胞发生一系列的生理、生化变化,遂使果肉软化。

五、果实发育过程中内含物的变化

苹果果实的内含物主要有碳水化合物(主要是淀粉和糖)、有机酸、蛋白质和脂肪、维生素、矿物质、色素及芳香物质等,这些成分随苹果发育而消长,到果实成熟时,表现出品种的固有性状。

(一)淀粉和糖

幼果中淀粉含量很少,随着果实发育,淀粉含量逐渐增多,到果实发育中期,淀粉含量急剧上升而达高峰。此后,随着果实成熟,淀粉水解转化为糖,淀粉含量下降。

苹果果实中的可溶性糖主要包括果糖、葡萄糖和蔗糖,此外,还有少量山梨醇、半乳糖。果实中所含糖分的种类和数量对果实的甜度有很大的影响。果糖是甜度最高的天然糖,一般情况下,果糖含量越高,果实甜味越明显。果实全糖含量在幼果期很低,果实膨大期(6 月下旬至 8 月上旬)含糖量急剧上升,此后有所减缓,至果实成熟前又有明显上升。含糖量、糖的种类及其甜味度的不同将影响食用时的口感甜味。

(二)有机酸

有机酸是决定果实风味品质的重要因素之一。苹果果实中至少含有 16 种有机酸,以苹果酸含量最高,以及少量的柠檬酸、酒石酸、琥珀酸、草酸、乙酸等。果实生长前期有机酸的生成量虽大,但含量较低,到果实迅速膨大期,有机酸的生成量和含量都达到高峰。此后,随着果实的成熟,有机酸的含量显著下降。另外,单宁(鞣酸)含量在幼果期较高,在果实临近成熟时显著减少。

(三)芳香物质

在苹果果实中,目前已鉴定出挥发性香气物质有 300 多种,以酯类、醛类和醇类为主,其中影响果香味的特征香气物质只有约 20 种。不同品种间的特征香气成分是有差异的。'瑞阳'苹果的特征香气物质为 2－甲基丁酸(干酪味),'秦冠'的特征香气物质为丁酸乙酯和己酸乙酯(果香),'富士'的特征香气物质为丁酸丁酯(腐烂的水果味)、1－己醇(青香)、壬醛(甜香)和法尼醇(花香)。不同的苹果品种、栽培条件、栽培处理、采收成熟度、采后储藏条件、采后处理乃至病毒等均会对苹果香气物质的形成产生影响。'红玉'苹果的香气成分以 n－丁醇、3－甲基丁醇、n－己醇等醇类为主。

在一定条件下,某些芳香物质的生成高峰在果实内源乙烯含量的高峰期后出现,某些芳香性物质的生成高峰则伴随着果实的衰老而出现。果实中芳香物质的生成及其含量的变化,常随着芳香物质的种类、成熟过程和条件而变化。因此,即使是同一个苹果品种,在不同的年份或储藏方法不同时,其芳香气味也是有所差异的。'蜜脆'苹果储藏期间的主要香气成分为酯类物质,在储藏第 2～8 d,果实香气成分含量达到最大,香气品质最佳。

另外,果实中的维生素、氨基酸等物质也影响果实的风味。

六、果实色泽发育

(一)苹果果皮的色泽发育

苹果果皮色泽分为底色和表色两种。果皮底色在果实未成熟时一般表现为深绿色,果实成熟时将出现三种情况:

(1)绿色消退,乃至完全消失,底色为黄色;

(2)绿色不完全消退,产生黄绿或绿黄底色;

(3)绿色完全不消退,仍为深绿色。果皮表色在果实成熟后,一般表现为不同程度的红色、绿色和黄色等三种类型。

决定果实色泽的色素主要有叶绿素、胡萝卜素、花青素以及黄酮素等。叶绿素含于叶绿体内,与胡萝卜素共存(两者含量比例约为3.5:1)。类胡萝卜素是溶于水的,呈黄色到红色的色素,苹果果皮中主要含 β – 胡萝卜素,呈橙黄色。在果实发育过程中,当叶绿素开始分解时,胡萝卜素随之减少,但是,如果实中的叶绿素含量降至品种固有的水平,那么,到呼吸跃变前不久或者与之同时,胡萝卜素又会开始重新形成 β – 胡萝卜素及其他的黄色色素,如紫黄嘌呤等,是黄色品种果皮色泽之源。

花青素赋予苹果果实以红色。苹果果皮中花青素的基本成分是花青素糖苷或称花青素苷,苹果表皮和下表皮中都含有花青素苷,每 100 g 鲜果皮中的含量可达到 100 mg。花青素是极不稳定的水溶性色素,主要存在于细胞液或细胞质内。花色苷互变体之间的转换很容易受到 pH 影响,其颜色和存在形式随着 pH 的改变而改变。在 pH 低时呈红色,中性时呈淡紫色,高时呈蓝色。与不同金属离子结合时,也会呈现各种颜色,因而果实可表现出各种复杂的色彩。苹果果皮花青素苷只有在叶绿素分解始期或末期才可能强烈形成。

(二)影响花青素形成的因素

光照除影响碳水化合物的合成和糖分的积累外,还直接作用于花青素的合成。花青素生物合成必须有苯丙氨酸解氨酶的触发,而苯丙氨酸解氨酶是光诱导酶。光质对着色影响很大,紫外光有利着色,因其可钝化生长素而诱导乙烯的形成。套袋促进苹果果皮花青苷的着色,在渭北黄土高原,绿色品种'澳洲青苹'经套袋处理后果皮着鲜红色。苹果红色品种的果实着色具有特定的时间段(着色期),套袋果在果实着色期前除袋,对诱导着色影响不大,但除袋早晚会明显影响采收期的果皮花青苷含量。

温度对苹果果实着色也有影响,温度主要是通过调控花色苷代谢路径中相关基因的表达以及酶的活性来影响花色苷的含量。温度在影响花色苷合成的同时,也能够影响其稳定性。当温度逐渐升高时,植物组织中的花色苷降解速率增大,而其合成速率降低,因此导致花色苷的积累量减少。当中晚熟苹果品种夜温在 20 ℃ 以上时,不利于着色。元帅系苹果果实在成熟期日平均气温 20 ℃、夜温 15 ℃以下、日较差达 10 ℃以上时，果实内糖分高，着色好。黄土高原产区的山西、陕西和甘肃等省以及西南地区的高海拔山区，多具有夜温低、温差大的条件，加之海拔高，紫外线较强，红色品种着色都较好。苹果采后低温储藏可以促进果实着色。0 ℃储藏促进果皮花青苷的采后再合成并延缓花青苷降解。

花青素是戊糖呼吸旺盛时形成的色素原。另外，花青素可与糖结合，形成花青素苷。自然条件下，游离状态的花色素极不稳定，通常与一个或多个单糖如葡萄糖、鼠李糖、半乳糖、阿拉伯糖等通过糖苷键形成花色苷。苹果中的花色苷主要以矢车菊素 – 3 – 半乳糖苷形式存在。因此，花青素的代谢与糖含量密切相关。任何影响糖合成和积累的因素均影响花青素的代谢。喷施外源糖可以促进果皮花青苷的合成，外施果糖和蔗糖能有效地促进果皮花青苷的积累，延缓花青苷的降解过程。较高的树体营养水平、合理负荷、适宜的磷钾肥与氮肥比例、适当控制灌溉均有利于果实的着色。果实成熟后期，施用氮肥过多会降低苹果果实着色。

七、果实的成熟和采收

采收成熟期的确定极其重要，因其对果实的质量及耐储性影响很大。采收过早，果实个小、色差、味淡；采收过晚，则果肉发绵，不耐储藏。确定果实是否成熟主要根据生育期和品种固有的特性。从外观上看，果实应体现出固有的颜色，内部的种子变褐，糖、水分、风味均合乎要求，才标志果实已成熟。

判断果实成熟度、确定适宜采收期的方法主要有以下几种。

（一）外观性状

果实大小、形状、色泽等都达到了本品种的固有性状。

（二）生理指标

如果肉硬度、淀粉含量、含糖量、乙烯含量、呼吸强度等达到商业采收的要求。

（三）果实的生长期

在一定的栽培条件下，苹果果实从落花到成熟都需要一定的生长天数,可由此来确定不同品种的采收期。常见品种从花瓣凋落到采收成熟所需天数大致如下:'辽伏'70~80天,'红星'140~150天,'陆奥'150~160天,'金冠'140~145天,'王林'160~170天,'乔纳金'155~165天,'国光'170天左右,'富士'170~175天。不同地区果实生长期间的积温不同,采收期会有所差异。

第五节　落叶和休眠

一、落叶

温度是影响落叶的主要因子,落叶果树当昼夜平均温度低于15℃、日照缩短到12小时,即开始落叶。我国华北、西北及东北苹果落叶在11月间,西南地区则在12月间,东北小苹果产区落叶在10月间。干旱、积水、缺肥、病虫害、秋梢旺长、内膜光照恶化、土壤及树体条件的剧烈变化等容易引起叶片的早期异常脱落;果实负载量大的树体,在果实采收后常发生大量采后落叶。生产中应注意保护叶片,防止早期异常落叶的发生。

二、休眠

苹果植株的休眠期可分为自然休眠期和被迫休眠期。一般落叶后,植株即进入自然休眠期,此时即使给予其最适宜的生长条件,芽也不能萌发和生长;至1月下旬和2月初,如遇适合温度,芽才能萌发生长。但由于通常在1月下旬时外界气温仍低,所以整个植株仍处于休眠状态,此时即是被迫休眠。自然休眠与被迫休眠一般不能明确区分,由自然休眠进入被迫休眠是一个渐进的过程。苹果通过自然休眠最适合的温度是稍高于0℃(3~5℃)的低温,需60~70天,大约在12月至翌年1月末;或者是在7℃以下的温度1 400小时以上,才能通过休眠,次年春正常萌芽开花。

从苹果植株个体来说,不同部位和休眠期长短不一。一般枝梢比枝干部进入休眠期早而结束迟,花芽比叶芽、顶芽比腋芽自然休眠期短,生长结束越晚的枝梢,进入休眠期也越晚。

第三章　苹果优良品种介绍

第一节　早熟品种

一、嘎啦

'嘎啦'由新西兰果品研究部果树种植者联合会以'红基橙'和'金帅'杂交育成,1939年选出,1960年发表,是中早熟品种中最漂亮、最优质的品种之一。在新西兰、美国、法国、英国栽培较多。

果实中等大小,单果重140 g左右。短圆锥形,果面金黄色,阳面具桃红色晕,有红色条纹。果形端正,艳丽美观,果顶有五棱,果梗细长。果皮较薄,果肉浅黄色,质细脆,致密,果汁多,味甜,微酸,品质上等。果实于8月上中旬成熟,采前落果轻,较耐储存,树势中庸,枝条开张,结果早,短果枝和腋花芽结果均好,坐果率高,丰产性强。

二、皇家嘎啦

'皇家嘎啦'为新西兰从'嘎啦'品种中选出的着色类型芽变品种。

果实短圆锥形,平均单果重136 g;果实底色黄,果面着橙红或鲜红色晕;果肉淡黄色,肉质松脆,稍疏松,汁中多;可溶性固形物含量13.6%,酸甜味浓,芳香浓郁,品质上等。果实发育期120天左右。'皇家嘎啦'除着色比'嘎啦'鲜艳外,其他性状与'嘎啦'相似。

三、丽嘎啦

'丽嘎啦'为新西兰从'嘎啦'中选出的着色系品种,原陕西省果树研究所于1995年引入我国试栽。

果实近圆锥形,果形指数0.87;果个大,平均单果重220 g,最大果重 350 g，较'皇家嘎啦'着色早，着色面大，片红，充分着色后全面浓红，果点明显，乳白色，果皮光滑，果粉多，有光泽，无锈，风味浓，可溶性固形物含量 13.6%，果肉硬度 7.2 kg/cm²，果肉淡黄色，肉质硬脆，汁液中多；耐储性优于'皇家嘎啦'。在陕西渭北地区 8 月上中旬成熟。抗病性较强。

四、烟嘎 2 号

'烟嘎 2 号'为烟台市果树工作站在蓬莱市湾子口园艺场从'嘎啦'中选出的着色系品种，1998 年通过山东省农作物品种审定委员会审定。

果实近圆形或卵圆形，果形指数 0.86 以上；平均单果重 218 g；果实底色黄白，果面鲜红；果肉乳黄色，肉质致密，可溶性固形物含量 14.4%，果肉硬度 6.79 kg/cm²，细脆，汁液多，甜酸适口，品质上等。果实发育日数为 110～120 天，9 月上旬成熟。

五、烟嘎 3 号

'烟嘎 3 号'为烟台市果树工作站从'嘎啦'中选出的中早熟、着色类型芽变品种。2008 年通过山东省农作物品种审定委员会审定。

果实近圆形至卵圆形，果形指数 0.85；平均单果重 219 g；果面色相片红，大部或全部着鲜红色；果肉乳白色，风味浓郁，肉质细脆爽口，可溶性固形物含量 12.2%，果肉硬度 6.7 kg/cm²。果实发育期 110～120 天，在烟台 8 月底至 9 月初成熟。可与'富士'、'新红星'等互为授粉树。

六、美八

'美八'为美国纽约州农业试验站从'嘎啦'的杂交后代中选出来的优系，代号 NY543。中国农业科学院郑州果树研究所于 1984 年从美国引入。

果形近圆形，平均单果重 180 g；果面光洁无锈，底色乳黄，着鲜红色霞；果肉黄白，肉质细脆，多汁，可溶性固形物含量 12.4%，风味酸甜适口,香味浓,品质上等。果实发育期 110 天左右,比'嘎啦'早成熟 10 天左右。

七、藤牧 1 号

'藤牧 1 号'为美国 Purdue University(普渡大学)等 3 所大学由抗苹果黑星病和苹果白粉病育种项目中联合育成。于 20 世纪 70 年代引入日本获得专利并进行试栽,在日本被命名为'藤牧 1 号',又叫'南部魁'。1986 年由日本引入我国。

果实近圆形;平均单果重 160 g;果面光滑,底色黄绿,阳面有红晕;果肉黄白色,肉质细而松脆,汁液多,可溶性固形物含量 12.2%,风味酸甜适口,有芳香,品质中上。果实发育期 85~90 天。

八、华硕

'华硕'为中国农业科学院郑州果树研究所用'美八'和'华冠'杂交培育而成的早熟品种,2009 年通过河南省林木品种审定委员会审定,2014 年通过国家林木品种审定委员会审定。

果实长圆形,平均单果重 242 g;果实底色绿黄,果面着鲜红色;果面平滑,蜡质多,有光泽;果点小;果肉黄白色;肉质中细,硬脆,汁液中多;可溶性固形物含量 13.4%,可滴定酸含量 0.31%,果肉硬度 10.1 kg/cm²,酸甜适口,风味浓郁,有芳香;品质上等。果实发育期 110 天左右,比'嘎啦'早成熟 1 周,耐储性好。田间表现较抗苹果轮纹病,对白粉病中度敏感。

九、秦阳

'秦阳'为从'皇家嘎啦'自然杂种后代中选育的早熟品种,2005 年通过陕西省农作物品种审定委员会审定。

果实近圆形,果形指数 0.86,果形端正;平均单果重 198 g;底色黄绿,盖色鲜红色,着红色条纹,充分成熟时全面呈鲜红色;果面光洁,无锈,果点白色,中大、中多;风味甜,可溶性固形物含量 12.2%,可滴定酸含量 0.38%,果肉硬度 8.32 kg/cm²;有香气;果肉黄白色,肉质细脆,汁液中多;室温条件下可储藏 10~15 天。果实 7 月中下旬成熟。早果、丰产性好,抗病性较强。

十、伏翠

'伏翠'为中国农业科学院郑州果树研究所以'赤阳'和'金冠'杂交培育而成的早熟品种,1981 年通过鉴定并推广。

果实短圆锥形;平均单果重 143 g 左右;果面黄绿色,较光滑;果肉绿白色,肉质松脆,汁液多;风味甜、微酸,品质上等;可溶性固形物含量 12.9%,可滴定酸含量 0.13%~0.20%。果实发育期 90 天左右,室温条件下果实可储放 15~20 天。

十一、红盖露

'红盖露'为西北农林科技大学从美国引育的早熟新品种,为'皇家嘎啦'的芽变品种。2006 年通过了陕西省果树品种审定委员会审定。

果实圆锥形;平均单果重 180 g;盖色浓红,着色有条纹;果皮光滑,果点大;果肉黄白色,风味酸甜适度;可溶性固形物含量 14.6%,可滴定酸含量 0.22%,果肉硬度 11.3 kg/cm^2;肉质硬脆,汁液多,有香气,为鲜食品种。果实发育期 120 天左右。丰产性好。'红盖露'品种树体适应性强,耐瘠薄,对早期落叶病、白粉病有一定的抗性。

十二、松本锦

'松本锦'为日本以'津轻'和'耐劳 26 号'杂交而成的早熟品种,1993 年引入我国,2000 年通过山东省农作物品种审定委员会审定。

果实圆至扁圆形,平均单果重 280 g;果面光洁艳丽,全面浓红;果肉黄白色,肉质细脆,汁液多;可溶性固形物含量 13%~14%;风味酸甜适口,有香味,品质优良。果实发育期 105 天左右。该品种是一个红色、大果型早熟品种,田间表现易感苹果褐斑病。

十三、华美

'华美'为中国农业科学院郑州果树研究所用'嘎啦'和'华帅'杂

交培育而成的早熟品种。果实圆锥形,平均单果质量 265 g,果面平滑光洁,无果锈,果点较明显,果实底色黄绿,果面着鲜红色,艳丽美观。可溶性固形物含量 13.6%,风味酸甜,有香味。该品种果个大,颜色鲜艳,外观不亚于'美八',且品质优于'美八',储运性和货架期较'美八'长,果实成熟期为 8 月初。

十四、华玉

'华玉'为中国农业科学院郑州果树研究所用'藤牧 1 号'和'嘎啦'杂交培育而成的早熟品种。果实近圆形,果面着鲜红色条纹,着色面积 60%以上,果实颜色明显优于亲本品种'藤牧 1 号'和'嘎啦'。果肉细、脆,可溶性固形物含量 15%,风味酸甜适口,有清香。果实 7 月中旬开始着色,7 月下旬成熟,果实发育期 110~120 天,成熟期比'藤牧 1 号'晚 2~3 周,比'嘎啦'早 2 周。

第二节　中熟品种

一、元帅

'元帅'是源自美国的自然实生品种,19 世纪 80 年代发现于艾奥瓦州,20 世纪初传入日本,随后传入我国,是'元帅系'品种的先祖。

果实大,圆锥形或长圆锥形,果顶有 5 个突起。单果重 200~240 g,大者可达 500 g 以上,果皮底色黄绿,阳面有浓紫红色粗条纹,充分成熟时均为暗紫红色,果面蜡质较厚。果肉淡黄色,致密多汁,香味浓,可溶性固形物含量 12%左右,可滴定酸含量 0.25%,果肉硬度 7.4 kg/cm²,品质上等。成熟期在山东省为 9 月上中旬,河北省、辽宁省为 9 月下旬,稍耐储藏。最适食用期为采后 2 个月左右,果肉易沙化。

幼树生长较旺,结果后又易衰弱。成枝力强,萌芽率较高,修剪反应敏感,结果稍晚,以短果枝结果为主,连续结果能力差,产量中等。熟前落果较重。此品种果实着色稍差,最佳食用期短,对管理技术要求较高,较难获得连年高产,生产上已逐渐淘汰,被浓红型芽变与短枝型芽变新品种取代。

二、金冠

'金冠'又名'金帅'、'黄香蕉'、'黄元帅',原产美国弗吉尼亚州,系偶然从实生苗选出,是世界栽培最多的品种之一。我国各苹果产区均有栽培。

果实圆锥形,顶部微有五棱,平均单果重 200 g 左右。果实黄绿色,成熟后呈黄色,阳面微有红晕,部分果梗洼处有梗锈。果肉淡黄色,肉质细密、脆,汁多,酸甜适口,芳香味浓,储至 11 月以后风味更佳。含可溶性固形物 15%,品质上等。9 月中旬成熟,可储至次年 2～3 月,常温下储藏易失水皱皮。树势强健,幼树枝条较直立,萌芽率高、成枝力强,栽后 3～4 年结果。以中长果枝结果为主,成龄树短果枝增多,有腋花芽结果习性。该品种适应性强,较稳产、丰产,深受栽培者欢迎。

三、红星

'红星'原产美国,为'元帅'的芽变品种,1921 年发现于美国新泽西州,1924 年命名,在世界各主产国均有大量栽植,我国各苹果产区均有栽培。

果实长圆锥形,萼洼深,果顶有 5 个突起,单果重 200～250 g,大者可达 500 g 以上。果实底色黄绿,阳面有浓红色粗条纹,充分成熟时为全面深红。果肉淡黄白色,肉质松脆、汁多、致密,酸甜适口,香味浓郁,稍经储藏风味更佳,含可溶性固形物 13%～15%,品质上等。9 月上中旬果实成熟,常温存放 2～3 个月,易沙化。

树性强,生长旺盛,萌芽率高,成枝力强,修剪反应敏感。5～6 年结果,以短果枝结果为主,坐果率不高,树势中庸易丰产,树势弱易出现大小年现象。采前落果稍重。

四、首红

'首红'有'康拜尔首红'和'摩西首红'两个品系。'康拜尔首红'是美国华盛顿州 1974 年从'新红星'中选出的,1976 年发表,为半矮化短枝型。

'首红'果实中大到大型,高桩,五棱突起,果个均匀。成熟果果面金红,色泽鲜艳,美观漂亮,着色早,花后 100 天就出现红色条纹,即使在气候条件略差的情况下,也能着色良好。果肉淡黄色,香味浓,汁多松脆,被认为是'元帅系'中最佳品种。

1975 年美国又从'元帅'芽变中选出'摩西首红',是短枝型品种,色泽和其他性状优于'康拜尔首红'。

五、新红星

'新红星'原产美国俄勒冈州,1952 年在 Boy Bisbee 果园发现的'红星'全株芽变,是世界上栽培最多的'元帅系'品种之一。1966 年以后,分别从波兰、美国、荷兰、加拿大、日本等国引入我国,全国各苹果产区均已推广栽培。

果实圆锥形,个头大,单果重 150 ~ 200 g,果形端正,高桩,萼部五棱明显。底色黄绿,成熟时全面鲜红色。果肉绿黄色,质脆,汁多,味甜,有芳香,品质上等。果实 9 月中下旬成熟,耐储性与'红星'基本一致。

树势中庸,树体矮小,树冠紧凑,树姿直立。短枝性状明显,萌芽力强,成枝力较弱。结果早,定植后 3 年即可开始结果。以短果枝结果为主,容易形成花芽,丰产、稳产,采前落果较轻,适应性较强。

六、丹霞

'丹霞'为山西省农业科学院果树研究所从'金冠'实生苗中选出的中晚熟品种,原代号 72 - 12 - 72,1986 年通过山西省品种审定委员会审定。目前在山西等地有栽培。

果实圆锥形,平均单果重 170.6 g;果面底色黄绿,着鲜红色晕,平均着色度 75%;果肉乳白色,肉质细脆,汁液多,风味甜;可溶性固形物含量 17.0%,总糖含量 13.6%,可滴定酸含量 0.265%;果肉硬度 5.6 kg/cm^2。果实发育期 160 天左右。树势中庸,萌芽力中等,成枝力较强;结果早,坐果率高,丰产,采前落果轻。田间表现为抗早期落叶病,较抗白粉病;接种鉴定表现为高感苹果斑点落叶病和苹果腐烂病,感苹果枝干轮纹病。

七、蜜脆

'蜜脆'为西北农林科技大学从美国引育的中熟新品种,亲本为'Macoun'בHoneygold'。2006年通过陕西省果树品种审定委员会审定。

果实圆锥形;平均单果重 310 g;盖色鲜红色,着色有条纹;果面光滑,果点小;果肉乳白色,风味微酸,有蜂蜜味;可溶性固形物含量 15.0%,可滴定酸含量 0.41%,果肉硬度 9.20 kg/cm^2,肉质极脆,汁液特多,香气浓郁,品质优,为鲜食品种。果实发育期 140 天左右,丰产性好。树体抗寒性强,抗早期落叶病。

八、北斗

'北斗'为日本青森县苹果试验场 1970 年'富士'与'陆奥'杂交育成,1981 年命名,1983 年登记。

果实圆形,个大,单果重 250~350 g,大的可达 400 g。底色黄绿,果面红色,着明显的红色条纹,近似'富士',果面光滑。果肉黄白色,致密,硬脆,汁液较多,含可溶性固形物 14%~16%,酸味轻,爽口,有香气,味佳。果实 10 月上中旬成熟,比'富士'早 10 天左右,冷藏可储至 4 月末,是一个优良的中晚熟品种。

树势中庸,树姿开张,新梢粗壮,短果枝及腋花芽多,坐果率高,易早产、丰产。有采前落果现象,不抗霉心病。'北斗'为三倍体品种,栽植需配植授粉树,如'元帅系'、'金冠系'品种等。日本拟以'北斗'品种代替一部分'元帅系',我国可以作为中熟的搭配品种试栽。

九、早生富士

'早生富士'为日本秋田县的平良木忠男于 1982 年在自己的果园内发现的'富士'枝变。着色早,成熟期比普通'富士'早 1 个月。经高接观察,性状稳定,1987 年取得登记。

单果重 350 g,果面着有艳丽的条状彩纹,鲜艳美观。果实长圆形。果肉黄色,肉质比普通'富士'致密,多汁,可溶性固形物 12.6%,酸度 0.23%,风味好,为现有中晚熟品种中品质较好者。树姿开张,树体大小中等,树势中庸,新梢细。生长结果习性与普通'富士'相同。

该品种已引起国际上的普遍关注。美国、新西兰、澳大利亚、南非等国均已引入。

十、弘前富士

'弘前富士'为日本青森县北郡板柳町富士果园中发现的易着色、极早熟'富士'品种。

果实近圆形,果形端正,果形指数 0.83;果个大,平均单果重 248 g;果面呈条状鲜红色,果点圆形;果肉黄白色,汁多、松脆、酸甜适中,可溶性固形物含量 16.2%,果肉硬度 10.9~12.5 kg/cm²;品质佳,耐储性同'富士'。果实发育期 145 天左右,9 月上中旬成熟,成熟期比'富士'早 35~40 天,比'红将军'早 10 天。

十一、玉华早富

'玉华早富'为陕西省果树良种苗木繁育中心从'弘前富士'芽变选育的中晚熟品种,2005 年通过陕西省农作物品种审定委员会审定。

果实圆形至近圆形,果形指数 0.88;平均单果重 231 g;底色黄绿或淡黄,盖色鲜红,着色有条纹;果面光洁,无锈;酸甜适中,可溶性固形物含量 14.8%,可滴定酸含量 0.36%,果肉硬度 6.77 kg/cm²;有香味;果点较大;果肉黄白色,肉质细脆、汁多。在陕西渭北地区 9 月中下旬成熟。坐果率较高,连续结果能力优于晚熟'富士'。

十二、红将军

'红将军'为日本选育的中熟品种,是从早生'富士'中选出的着色系芽变品种。'红将军'曾称'红王将'。

果实近圆形,果形指数 0.86;平均单果重 307 g;果实色泽鲜艳,全面浓红;果肉黄白色,肉质细脆、汁多,风味甜酸浓郁,可溶性固形物含量 15.9%,果肉硬度 9.6 kg/cm²,品质优。耐储性强,不易发绵,自然储藏可到春节。9 月中旬成熟,比普通'富士'早熟 30 天以上。

十三、晋富 1

'晋富 1'为山西省果树研究所从'红王将'中选育的早熟芽变品种。2004 年通过山西省品种审定委员会审定。目前在山西等地有种植。

果实近圆形;平均单果重 208 g;果实底色浅黄,着红色晕;果肉淡黄色,肉质脆,风味甜;可溶性固形物含量 15.2%,果肉硬度 6.3 kg/cm²;果实发育期 150 天左右。幼树树势强,结果期树势中庸,树姿较开张。树体抗寒性优于'红王将'。

十四、秋红嘎啦

'秋红嘎啦'为 1997 年在陕西省蒲城县发现的'嘎啦'中晚熟优良芽变品种,综合性状比同期的'新世界'优越,是供应节日的理想水果。

树姿直立,树势中庸,萌芽率高,成枝率强,枝条粗壮,枝条脆、硬。中短枝比例较高,具有一定的短枝型性状。果台枝连续结果能力强,无大小年现象。果实圆锥形,平均单果重 212.6 g,果实大小均匀一致,商品率极高。果实着色鲜艳浓红,带片红,底色蜡黄,外观甚美。果肉黄白色,肉质细脆爽口,汁液多,香味浓甜。果皮光滑、稍厚、有光泽、有蜡质、无果粉。果点小、显、中疏、平,果点灰白浅黄或淡褐色。可溶性固形物含量 16.2%,品质极佳。果实耐储运,常温下可放 2~3 个月。9 月 20 日左右果实成熟,若延迟采收,色泽更红且没有采前落果现象。抗病性强,果实不易发生烂果病,较抗早期落叶病和白粉病,苹果锈病发生轻,对叶螨、金纹细蛾抗性较强。

十五、红玉

'红玉'为原产美国,为可口香的实生苗,1800 年在美国纽约州发现,自 19 世纪末至 21 世纪初,此品种风行一时,在世界各苹果产区分布广,有"世界品种"之称,我国各苹果产区均有栽培。

果实扁圆形,平均单果重 150 g 左右,果面底色黄绿,着色良好者,全面呈浓红色,颇美观,有光泽。果肉黄白色,肉质致密而脆,果汁中多,酸度稍大,清香味浓,品质上等,9 月上中旬成熟,果实耐储藏。

树姿开张,干性较弱,萌芽率高,成枝力中等,枝条较密、柔软,易横生下垂。4～5 年开始结果,丰产性能较好,以短果枝和腋花芽结果为主,采前落果稍重,果实易发生斑点病。

十六、摩里士

'摩里士'原产美国,是由美国新泽西州农业试验场于 1948 年以('金冠'×'Edgewood'和'红花皮'×'克露丝')杂交选育而成的中早熟品种,1966 年发表。我国先后由日本和美国引入试栽。

果实短圆锥形,五棱突起明显;大果型,平均单果重 300 g,最大果重 500 g;底色黄绿,表皮着红霞或细红条纹,充分着色为全面浓红;果面光滑,有光泽,果粉中等,蜡质较厚,微香,酸甜适度,可溶性固形物含量 13%～14%,可滴定酸含量 0.21%;果肉乳黄色,肉质中粗,较松脆,汁液中多。果实发育期 130 天左右。不耐储藏,室温下可存放 1 个月左右。连续结果能力较强,较丰产,抗病性较强。

十七、华冠

'华冠'由中国农业科学院郑州果树研究所育成,亲本是'金帅'和'富士',于 1976 年杂交,1988 年命名,1989 年通过农业部验收。

果实近似圆锥形,单果重 170 g 左右。底色金黄,微显绿色。1/2 或 2/3 果面红色,充分着色后可全红,外观较美,梗洼多无锈或间具小型果锈。果肉黄色,肉质致密,脆而多汁,酸甜味浓,可溶性固形物含量 14% 左右,品质上等。

'华冠'以短果枝结果为主,幼时腋花芽结果能力较强。自然坐果率高,一般一个花序坐果 3～5 个。

树冠呈圆头形,枝条、叶片、新梢均似'金帅'。1 年生枝红褐色,2～3 年生枝灰褐色,皮孔小,较密,嫩梢部密被灰色茸毛。叶片大多为椭圆形或卵圆形,两侧略向上翘,色泽较浓。

'华冠'为'金帅'类型的新品种,优质、高产、耐储,生产上可适量发展。

十八、华帅

'华帅'由中国农业科学院郑州果树研究所育成,亲本为'富士'和'新红星',1976年杂交,1988年命名,1989年通过农业部验收。

'华帅'果实大,平均单果重210 g,短圆锥形或长圆形,成熟时全面红色,间具较深的红色条纹,果点稀疏,白色,较明显;梗洼中等深广,洼内间具黄色锈斑,萼洼中等深广,洼周微显棱起;果肉淡黄色,肉质细脆,汁多,味酸甜,风味浓厚,有浓烈芳香;品质上等,可溶性固形物含量13%。

该品种以短果枝结果为主,坐果率较'元帅系'高,一般每个花序坐果1~2个,有相当一部分花序可坐果3个或更多。

树冠呈圆锥形,2~3年生枝呈暗绿褐色或灰褐色,皮孔较密、圆形;新梢红褐色,嫩梢部密被灰色或灰黄色茸毛;叶片中等大小,多为椭圆形,色深绿。'华帅'具有'元帅系'和'富士'的优点,是一个很有希望的新品种。

十九、乙女

'乙女'为辽宁省果树科学研究所1979年从日本引进的鲜食与观赏晚熟苹果新品种,母本'红玉',父本不详。2006年通过辽宁省非主要农作物品种备案办公室备案。

果实圆形,平均单果重50 g;全面着鲜红色,艳丽;果面光滑,有光泽;果肉黄白色,风味酸甜适度;可溶性固形物含量14.8%,可滴定酸含量0.38%,果肉硬度7.7 kg/cm²;肉质松脆,汁液中多,品质中上。丰产性好,串花枝多,枝条较软,适合造型,果实观赏期40天,是一个优良的鲜食兼观赏品种。果实发育期155天左右。树体抗寒性与'金冠'相当,对苹果轮纹病和斑点落叶病抗性较强。

二十、乔纳金

'乔纳金'由美国纽约州农业试验站育成。亲本为'金冠'和'红玉',1943年杂交,1953年入选,1968年推广,为三倍体品种。目前在美、英、法、意、荷、日均有栽培,产量逐年上升。

果实较大,单果重200 g左右,圆形或圆锥形,果面光洁无锈,底色淡黄,着橙红色霞及不显著的红条纹,色泽艳丽,美观漂亮,肉质致密松脆,汁液多,酸甜适口,芳香。含可溶性固形物15% ~17%,品质上等。果实耐藏,储藏期不皱皮。冷藏条件可储藏至翌年5~6月。成熟期9月下旬至10月中旬。

幼树强健,生长势强。萌芽率高、成枝力强。4~5年生结果,以中矮果枝结果为主,有腋花芽结果习性,丰产性强,大小年不明显,是一个很好的中晚熟栽培品种。

二十一、舞美

'舞美'又名'玛宝'(Maypole),是英国东茂林试验站于1976年以'威赛克旭'和'M. baskatong'杂交选育出的柱型苹果品种,1986年发表。

果实圆形或圆锥形,果形指数0.91,果个小,平均单果重35.5 g;成熟时果实底色绿黄,全面着橙红色,有红晕;果肉橘黄色,肉质较细,松软、不脆,汁液中等,风味酸,带涩味,可溶性固形物含量9.0%,品质下等。不适于鲜食,可加工果汁、果酱。果实9月上旬成熟。属观赏树品种。

第三节　晚熟品种

一、富士

'富士'为日本农林省东北农业试验场藤崎园艺部由'国光'和'元帅'后代培育出的新品种,1939年杂交,1962年正式登记命名为'富士'。1966年引入我国,1980年后又引入着色系'富士'等。

果实近圆形,稍偏扁,单果重200~250 g。果实底色黄绿,阳面着红色条纹,果皮薄。果肉黄白色,肉质细脆,果汁多,含可溶性固形物15%左右,甜酸适度,有香气,品质上等。10月中下旬成熟,耐储藏,可储至次年4~5月,储后肉质不变,风味尤佳。

树势强健,树姿开张,萌芽率高,成枝力强。幼树易旺,5~6年结果,以短果枝和细的长果枝结果为主,有腋花芽结果习性,坐果率高,丰产。采前落果轻,熟前不落果,果实易感轮纹病。适应性较强,抗寒性差。

日本针对'富士'着色不良的缺点,从1972年开始,进行了大量浓红型芽变选种,选出了许多浓红型的优系,通称'红富士'。我国引进栽培后,各地表现较好的品系有'秋富1'、'长富2'、'岩富10'、'青富13'等,其生长结果习性与富士类同,只是着色较'富士'为好。

二、长富2号

'长富2号'为'富士'苹果的芽变品系之一,1980年农业部从日本引入接穗,分给辽宁省果树科学研究所、山东省烟台果树工作站等单位试栽。

果实近圆形,平均单果重250 g,果面底色黄绿色,成熟时全面浓红鲜艳;盖色红色,着色有条纹,果面光滑,果点中大,果肉黄白色,风味酸甜适度,稍有芳香,可溶性固形物含量15.5%,可滴定酸含量0.48%,果肉硬度11.47 kg/cm², 肉质松脆致密,储后仍脆而不变,汁液多,品质上等,为鲜食品种。果实发育期170天左右。丰产性好,树体抗寒性差,易患枝干粗皮轮纹病。

三、岩富10

'岩富10'为日本从'富士'芽变中选育的晚熟品种。1979年引入我国。

果圆形或近圆形,平均单果重220 g;底色黄绿,盖色鲜红;果面光滑,果点中大;果肉黄白,风味酸甜适度;可溶性固形物含量13.7%,可滴定酸含量 0.26%,果肉硬度 6.9 kg/cm²;肉质细密,汁液多,有香味,适于鲜食。果实发育期 165 天左右。丰产性强。生长势强,适应性不强,抗寒、抗病力弱。

四、晋富 3

'晋富 3' 为山西省果树研究所从 '长富 2 号' 中选育的浓红型芽变品种。1998 年发现,为整株变异,2007 年通过山西省品种审定。目前在山西等地有应用。

果实近圆形;平均单果重 233 g;底色黄绿,着红色晕;果面光滑,果点小;果肉淡黄色,肉质细脆,汁液多,风味甜;可溶性固形物含量 15.3%,糖酸比 52:1,果肉硬度 8.33 kg/cm²。果实发育期 180 天左右。树势中庸,丰产性强。

五、陕富 6 号

'陕富 6 号' 为西北农林科技大学在 2000 年从 '富士Ⅰ系' 中选出的浓红型芽变优系,在陕西渭北多地试栽表现良好。

果实圆形或近圆形,果形指数 0.86;平均单果重 280 g;底色黄绿或淡黄,盖色鲜红色,片红;果面光洁,无锈,果点中、稀;酸甜适中,可溶性固形物含量 16.5%,可滴定酸含量 0.36%,果肉硬度 8.14 kg/cm²:有香味;果肉黄白色,肉质致密、细脆,汁多。果实 10 月中下旬成熟。

六、烟富 3

'烟富 3' 为烟台市果树工作站从 '长富 2 号' 中选出的 '富士' 着色系品种,1997 年通过山东省农作物良种评审委员会审定。

果实圆形或长圆形,果形端正,果形指数 0.86 ~ 0.89;果个大型,平均单果重 245 g。着色好,片红,色泽浓红艳丽;果实肉质爽脆,汁多;风味香甜,可溶性固形物含量 14.8% ~ 15.4%,果肉硬度 8.7 ~ 9.7 kg/cm²。品质上等,果实综合性状优于 '长富 2 号',外观性状优于 '长富 1 号'。果实生育期 180 天,极耐储藏。

七、福岛短枝

'福岛短枝'为普通红富士苹果的优良芽变品种,1984年从日本引入我国,1993年11月通过辽宁省农作物品种审定委员会的认定推广。

果实近圆形;平均单果重250 g;果实片红,色浓;果面光滑,果点小;果肉黄白色,肉质脆而致密,果汁多;可溶性固形物含量15.5%,可滴定酸含量0.40%,果肉硬度12.5 kg/cm²。树体矮小,树势强健,树冠紧凑,以短果枝结果为主,丰产性好。果实发育期170天左右。可在'富士'栽培区栽植。

八、宫崎短枝富士

'宫崎短枝富士'为日本宫崎县从着色系'富士'中选育的短枝型芽变品种,1974年育成,1979年由中国侨联妇女代表团引入我国。目前在我国苹果产区应用面积较大,为主栽品种之一。

果实近圆形;平均单果重240 g;底色黄绿,着红色晕;果面光滑,果点小;果肉淡黄色,肉质细脆,汁液多,风味甜;可溶性固形物含量14.4%,可滴定酸含量0.38%,果肉硬度11.40 kg/cm²;果实发育期180天左右,果实采后耐储藏性强。树势中庸,短枝型性状明显,较普通型'富士'品种易成花,坐果率高,丰产。田间表现为抗早期落叶病,感苹果腐烂病、枝干轮纹病和果实轮纹病;接种鉴定均表现为感枝干轮纹病、中抗斑点落叶病。

九、烟富6

'烟富6'为烟台市果树工作站从'惠民短枝富士'中选出的着色良好的短枝型'富士'品种。1998年通过山东省农作物品种审定委员会审定。

果实扁圆至近圆形,果形指数0.86~0.90;平均单果重253~271 g;果面光洁,易着色,色浓红;果肉淡黄色,致密硬脆,汁多,味甜,可溶性固形物含量15.2%,果肉硬度9.8 kg/cm²。成熟期10月中旬。果实极耐储藏。

十、礼泉短富

'礼泉短富'属'富士Ⅰ系'的短枝型芽变品种,1985年在礼泉县东庄乡刘家村苹果园发现,1996年通过陕西省农作物品种审定委员会审定并命名。

果实圆形或近圆形,果形指数0.88;大果型,平均单果重272 g;底色黄绿,盖色为鲜红到浓红,片红;果面光洁,果点中大、稀、无锈;甜酸适中,有香气;果肉黄白色,肉质细脆,汁多;可溶性固形物含量17.4%,可滴定酸含量0.45%,果肉硬度7.59 kg/cm²,耐储藏;在陕西渭北地区果实10月中下旬成熟。易成花,连续结果能力强,丰产、稳产,适于密植栽培。

十一、寒富

'寒富'为沈阳农业大学园艺系与内蒙古宁城县巴林试验场1978年以'东光'与'富士'杂交育成的晚熟抗寒苹果新品种。1994年通过内蒙古自治区品种审定,1997年通过辽宁省农作物品种审定委员会审定并命名。

果实短圆锥形;平均单果重250 g;果实底色黄绿,阳面片红,可全面着色;果面光滑,果点小;果肉淡黄色,甜酸味浓,有香气;可溶性固形物含量15.2%,可滴定酸含量0.34%,果肉硬度9.9 kg/cm²;肉质酥脆多汁,为鲜食品种。果实发育期150天左右。丰产性好,树冠紧凑,矮生性状明显。抗寒性与适应能力优于'国光'和'富士',抗苹果粗皮病,较抗蚜虫和早期落叶病。

十二、秦冠

'秦冠'为原陕西省果树研究所以'金冠'×'鸡冠'杂交选育的晚熟品种,1957年杂交,1970年定名,是目前我国栽培面积较大的自育品种之一。

果实圆锥形或短圆锥形,果形端正;大果型,平均单果重250 g;底色黄绿,盖色紫红色,着红色条纹,充分成熟时全面着色;果点大;风味甜,可溶性固形物含量 16.0%,可滴定酸含量 0.26%,果肉硬度 8.84 kg/cm²;有香气;果肉黄白色,肉质较粗、硬韧,汁中多;耐储运。果实 10 月中下旬成熟,易成花,早果性好,连续结果能力强,丰产、稳产;适应性强,抗旱、抗寒、抗病性较强。

十三、国光

'国光'别名'小国光',美国品种,已有多年的栽培历史,是我国栽培最多的品种之一。

果实扁圆形,单果重 150 g 左右。果实底色黄绿,具红霞和暗红色粗细不等的条纹,着色较晚,在秋季昼夜温差大和早霜来临后,着色快而浓。果肉黄白色,肉质致密而脆,汁多,含可溶性固形物 12% ~ 15%,酸甜味浓,品质上等。10 月中下旬成熟,耐储藏,可储至次年 4 ~ 5 月。

树势强健。幼树生长势强,萌芽率低,成枝力中等,潜伏芽寿命长,便于更新。栽后 5 ~ 7 年开始结果。初果期,长、中果枝较多,以后短果枝增多。果台副梢易形成结果枝,连续结果能力较强,坐果率高,丰产。其发芽和开花物候期比其他品种晚 1 周左右。适应性较强,无论山地、滩地均生长良好。抗风力强,不落果,较抗早期落叶病、苦痘病和白粉病。采前遇雨裂果,对炭疽病抗性较差。

十四、鸡冠

'鸡冠'原产我国,1920 年前后在辽宁省旅顺附近发现,有人认为是从当地不知名的偶然实生苗中选出的。在辽宁省、河北省等苹果产区栽培较多。

果实中等大,单果重约 150 g,扁圆形或圆形,底色黄绿,全面或大部被鲜红或紫红霞,有不明显的紫红色条纹,果皮厚,果梗短。果肉浅黄白色,质中粗,致密,硬脆,味酸甜,品质中等。10 月上旬成熟,果实耐储运。

幼树生长强健,大树长势中庸,树冠较矮小,树姿开张,枝条较密,斜生或下垂,萌芽力和成枝力均强。进入结果期早,一般 3 ~ 4 年开始结果。以短果枝和中果枝结果为主,果台枝连续结果能力强,坐果率高,年年丰产,适应性强,山地和平地生长表现均较良好。

十五、丹霞

'丹霞'为山西省农业科学院果树研究所从'金冠'实生苗选出的中晚熟品种,原代号为 72 – 12 – 72,1986 年通过山西省品种审定委员会审定。目前在山西等地有栽培。

果实圆锥形,平均单果重 170.6 g;果面底色黄绿,着鲜红色晕,平均着色度 75%;果肉乳白色,肉质细脆,汁液多,风味甜;可溶性固形物含量 17.0%,总糖含量 13.6%,可滴定酸含量 0.265%,果肉硬度 5.6 kg/cm^2。果实发育期 160 天左右。树势中庸,萌芽力中等,成枝力较强;结果早,坐果率高,丰产,采前落果轻。田间表现为抗早期落叶病,较抗白粉病;接种鉴定表现为高感苹果斑点落叶病和苹果腐烂病,感苹果枝干轮纹病。

十六、太平洋玫瑰

'太平洋玫瑰'为新西兰以'嘎啦'和'华丽'杂交育成的晚熟品种,原代号为 GS2085,为 GS 系的代表性品种。我国于 20 世纪 90 年代中期引入,2010 年通过山东省品种审定委员会审定。

果实圆形,果形指数 0.82;平均单果重 230 g;底色黄绿,表皮着鲜玫瑰红色;果皮薄,果面光亮,蜡质厚,外观艳丽,果肉酸甜适口,有玫瑰香气,可溶性固形物含量 15%,可滴定酸含量 0.32%,果肉硬度 8.8 kg/cm^2;果肉乳白色,肉质细脆,多汁;果实耐储性好,自然条件下储藏至翌年 4 月,硬度仍可达 7.0 kg/cm^2。在陕西渭北地区,果实 9 月下旬成熟。坐果率高,无采前落果现象,丰产、稳产,但树体和果实易感褐斑病。

十七、陆奥

'陆奥'为日本青森县苹果试验场以'金冠'和'印度'杂交育成的苹果晚熟品种。染色体倍性为三倍体。1930 年杂交,1949 年发表,20

世纪 60 年代引入我国,目前在日本和欧洲生产上有应用,我国栽培少。

果实近圆形;果顶偶有棱起,单果重 260～310 g;果点中多;不套袋果实果面绿色,储藏后为金黄色;套袋后着鲜红色晕;果肉乳黄色,肉质较粗,松脆,汁液多,风味酸甜;可溶性固形物含量 13.2%,可滴定酸含量 0.58%,果肉硬度 9.3 kg/cm^2;耐储性较强。'陆奥'是综合性状优良的鲜食烹饪兼用型苹果品种。花粉量少,果实发育期 165 天左右。幼树树势强,枝条粗壮,盛果期树势中庸,结果早,易成花,连续结果能力强,丰产。田间表现为较抗苹果轮纹病和苹果腐烂病;接种鉴定表现为中抗苹果枝干轮纹病,高感苹果腐烂病、苹果斑点落叶病。

十八、凯蜜欧

'凯蜜欧'为西北农林科技大学从美国引进的中晚熟新品种,从自然实生苗中发现,亲本不详。2009 年通过陕西省果树品种审定委员会审定。

果实圆锥形;平均单果重 300 g;盖色红色,着色有条纹;果面光滑,果点小;果肉黄白色,风味酸甜适度;可溶性固形物含量 14.9%,可滴定酸含量 0.40%,果肉硬度 9.5 kg/cm^2;肉质脆,有香气,品质优,维生素 C 含量高,为鲜食品种。果实发育期 170 天左右。丰产性好。树体适应性较强,对早期落叶病、白粉病和叶螨具有一定的抗性。

十九、粉红女士

'粉红女士'源自澳大利亚,是(美)斯通维尔以'威廉女士'与'金冠'杂交育成的极晚熟品种,1979 年选出,1985 年正式发表。1995 年引入我国,2004 年通过陕西省品种审定委员会审定。

果实近圆柱形,端正、高桩,果形指数 0.94;中果型,平均单果重 200 g,最大果重 306 g;底色淡绿,着全面粉红色或鲜红色,色泽艳丽,果面洁净、无锈,果点中大、中密,外观美;果肉乳白色,储存 1～2 个月后果肉淡黄色,风味浓郁,甜酸适度,可溶性固形物含量 16.65%,可滴定酸含量 0.65%,果肉硬度 9.16 kg/cm^2;硬脆,汁中多,极耐储藏,室温下可储至翌年 4～5 月。在陕西渭北南部地区,果实 10 月下旬至 11

月上旬成熟,发育期 200 天左右。早果性好,丰产、稳产,抗病性较强。

二十、布瑞本

'布瑞本'为 1952 年在新西兰发现的'汉密尔顿夫人'('Lady Hamilton')苹果和'澳洲青苹'('Granny Smith')杂交后代的芽变品种。

果个中大,果底黄色,果皮颜色橙红至红色,果肉脆,汁多,味甜,有香气。晚熟,耐藏性好,鲜食加工兼用。

二十一、瑞阳

'瑞阳'为 2004 年杂交,亲本为'秦冠'和'富士',2015 年通过陕西省品种审定委员会审定。'瑞阳'易成花、结果早、丰产性强,与'秦冠'相近;大果型,果实色泽艳丽,果面洁净,可不套袋栽培;果肉细脆、味浓、口感好,品质接近'富士';抗病性强,优于'富士';10 月中旬成熟,耐储运。适宜陕西渭北、陕北南部及同类生态区推广,矮化、乔化栽培均可早果、丰产。

二十二、瑞雪

'瑞雪'为 2002 年杂交选育,亲本为'秦富 1 号'和'粉红女士',2015 年通过陕西省品种审定。早果、丰产,矮化、乔化均可丰产,具短枝型品种特性,适宜密植;大果型,果型端正,果面光洁、无锈,外观好;果肉细脆,风味浓郁,品质极上;树势健壮,抗病性强;10 月中下旬成熟,极耐储藏。综合性状优于'金冠'、'王林',适宜在陕西渭北及同类生态区推广。

二十三、秦脆

'秦脆'为'长富 2 号'与'蜜脆'的杂交后代,果实性状继承了双亲的优良特性,肉质脆,汁液多,酸甜可口,其早果丰产性、风味品质和抗逆性优于'富士',成熟期比'长富 2 号'早 10 天左右。在不套袋条件下均能全面着色,且果面光洁。

二十四、秦蜜

'秦蜜'为'秦冠'与'蜜脆'的杂交后代,萌芽率高,成枝力强,易成花,早果,丰产性好,树体管理容易,抗旱,耐瘠薄,果实圆锥形,香气浓郁,口感好,在陕西渭北产区9月下旬成熟。在不套袋条件下均能全面着色,且果面光洁。

第四节　加工品种

一、澳洲青苹

'澳洲青苹'原产澳大利亚,来自偶然实生苗,是一个世界知名的绿色品种。在美国、意大利、澳大利亚、新西兰等国栽培较多,我国引进后,各地有少量栽植。

果实近圆形,单果重200 g左右。果面光滑,全部为翠绿色,满布大型灰白色果点,部分果阳面有红晕,果皮稍厚。果肉白色,肉质松脆多汁,味酸、甜少,含可溶性固形物11.9%,总糖10.7%,可滴定酸0.34%,品质中等。10月上中旬成熟,熟前不落果。果实耐藏,可储至翌年4~5月,经储藏后酸味减轻,风味更佳。可用于做果汁。

树性强健,幼树生长旺盛,萌芽率高,成枝力低,枝条较柔软,水平开张,以短果枝结果为主,有腋花芽结果习性,一般坐单果。结果较早,较丰产,大小年现象不明显。

二、瑞丹

'瑞丹'为法国制汁专用苹果品种。单果重160 g,果面黄绿带条红,果汁含量丰富,出汁率高达75%,可溶性固形物含量12.0%,原汁酸度0.36%,制汁品质佳。耐储运、早实、丰产性强。枝干不抗轮纹病。果实成熟期为9月上旬。

三、瑞林

'瑞林'为法国制汁专用苹果品种。单果重 120 g,果面绿色带条红,出汁率 72%,可溶性固形物含量 9.8%,原汁酸度 0.30%,制汁优良,亦可鲜食。早实、丰产。果实 9 月上旬成熟。

四、鲁加 2 号

'鲁加 2 号'为青岛农业大学以'特拉蒙'和'富士'杂交选育的中早熟加工品种。2009 年通过山东省农作物品种审定委员会审定。

果实近圆形,果形指数 0.83;平均单果重 140 g,果面光洁,底色黄绿,阳面有红晕和明显的鲜红条纹。果肉黄白色,肉质松而稍粗,汁液多,不易褐变,风味浓酸,可溶性固形物含量 12.0%,总糖 9.6%,出汁率 75.2%,果实原汁酸度 0.45%、浓缩汁酸度 3.20%。果实发育期115 天,在烟台 8 月下旬成熟。果实易感轮纹病,需适时采收。

五、鲁加 5 号

'鲁加 5 号'为青岛农业大学以'特拉蒙'和'富士'杂交选育的加工品种。2005 年通过山东省林木品种审定委员会审定,2006 年获得国家农业植物新品种保护权。

果实近圆柱形,单果重 177.6 g,果面绿色,着红晕,果肉绿白,肉质疏松,稍粗,汁液中,风味特酸,果实原汁酸度 0.81%、浓缩汁酸度4.50%,果实原汁和浓缩汁澄清、稳定性好,不易褐变,是果汁加工的优良品种。在烟台,果实 9 月下旬成熟。

第四章　苹果育苗关键技术

苹果多为异花授粉,遗传性状上高度杂合,种子为自然杂交种,后代性状分离严重,通过种子繁殖苗木根本无法保持亲本的经济性状,生产上主要采用无性繁殖的方法。不同品种的无性繁殖技术和效率有差异,但整体来说,苹果的嫁接繁殖方法简单、成活率高,也可进行压条和扦插繁殖自根苗或无性系砧木。

第一节　苗圃地的选择

苹果苗圃是培育和生产优质苹果苗木的基地。苗圃的地势、土壤、pH、施肥、灌溉条件、病虫害防治及管理技术水平,直接影响苗木的产量、质量以及苗木的生产成本。改革开放以来,我国苹果种苗业在行业管理、法规标准、质量监督和生产供应等方面形成了较为完备的体系,但仍存在一些如种苗总体质量低、种苗市场混乱以及知识产权保护重视不足等问题。随着我国苹果栽培由分散走向规模化,苗木需求量不断增加,对苗木质量也提出了更高要求。因此,必须规范育苗技术,要推进种苗产业化,发展大型专业化苗圃,提升苗木质量,促进苹果产业的健康发展。

苹果幼苗抗性较弱,育苗应选择适宜的地点,避免不良环境对幼苗造成损伤,影响出苗率和降低苗木质量。按照当地的特点,选择背风向阳的缓坡地,土层较厚(50~60 cm)、保水及排水良好、灌溉条件方便、肥力中等的沙质壤土和轻黏壤土。以中性土壤或微酸性的沙壤土为好,要求无危害苗木的病虫,且不能重茬。苗圃地应位于地下水位适宜,没有病害,空气、水质、土壤未污染,交通方便的地方。

苗圃地附近不要有能传染病菌的苗木,远离成龄果园,不能有病虫害的中间寄主,如成片的桧柏、刺槐等;尽量选择无病虫和鸟、兽害的地方,避免影响出苗率和降低苗木质量。可将苗圃地安排在靠近村庄或有早熟作物的地方,这些地方因有诱集植物,虫口密度小,受害轻。

一、苗圃地的准备

冬前或早春土壤解冻后耕翻,耕翻深度为 30~40 cm。施足基肥,每亩地施入优质有机肥 4 000 kg 左右,过磷酸钙 40~50 kg,或者磷酸二铵 20 kg。为预防立枯病、根腐病和蛴螬等,结合整地,每亩地喷洒五氯硝基苯粉和辛硫磷各 3 kg。耕翻后整平耙细,按播种要求做畦。畦宽 1.5~1.6 m、长 10 m 左右,畦埂宽 30 cm。

二、母本保存圃

母本保存圃用于保存优质母本源以及砧木原种,包括砧木母本圃和品种母本圃。砧木母本圃提供砧木种子和无性砧木繁殖材料。品种母本圃提供自根果苗繁殖材料和嫁接苗的接穗,为扩繁圃提供良种繁殖材料。为了保证种苗的纯度,防止检疫性病虫害的传播,母本保存圃内禁止进行苗木嫁接等繁殖活动,无病毒苗木的母本圃要与周边生产性果园保持 80~100 m 的间隔区。

三、母本扩繁圃

母本扩繁圃包括品种采穗圃、砧木采种圃和自根砧木压条圃。母本扩繁圃的主要任务是将母本保存圃提供的繁殖材料进行扩繁,向苗木繁殖圃提供大量可靠的砧木种子、自根砧木苗及插条、品种及中间砧接穗。禁止在压条圃直接嫁接进行苗木繁殖,或分段嫁接品种繁殖中间砧。也不应在品种采穗圃、砧木采种圃进行嫁接换种工作。母本扩繁圃一般设在行业主管部门指定的大型苗圃内。

四、苗木繁殖圃

苗木繁殖圃用于直接繁殖生产用苗,其所用繁殖材料应来自母本扩繁圃。规划时要将苗圃地中最好的地段作为繁殖区,根据所培育的苗木种类分为实生苗培育区、自根苗培育区和嫁接苗培育区。为了耕作管理方便,最好结合地形采用长方形划区,长度不短于 100 m,宽度可为长度的 1/3～1/2。如果苗圃同时繁殖多种果树苗,宜将仁果类小区与核果类、浆果类小区分开,以便于耕作管理和病虫防治。

繁殖区要实行轮作倒茬。连作(重茬)会引起土壤中某些营养元素的缺乏、土壤结构破坏、病虫害严重以及有毒物质的积累等,导致苗木生长不良。因此,应避免在同一地块中连续种植同类或近缘的以及病虫害相同的苗木。制订果树育苗轮作计划时,在繁殖区的同一地段上,同一类果树轮作年限一般为 3～5 年,不同种类果树间轮作的间隔年限可短一些。

第二节　种子实生繁育

一、砧木种子的采集

砧木种子的质量是保证砧木育苗的关键。砧木种子应采自品种纯正、生长健壮、无病虫害的母本树上,并注意与母本树一致。在果实充分成熟时采收,挑选着色好、个大、端正的果实,这样的果实种子饱满、成熟度高;否则,种子发育不良,成熟度差,会影响苗木质量。

八棱海棠、山丁子等果实采收后,可放入容器或堆放在背阴处,促使果实后熟、果肉软化。在堆放过程中应经常翻动果实,防止发酵造成温度过高而影响种子发芽力。果实软化后,除去果肉、杂质,取出并洗净种子,放在通风背阴处阴干,不宜在阳光下晒,否则会影响种子生活力。苹果砧木种子纯净度应在 90% 以上,剔除杂质、破粒、瘪粒和小粒种子。

二、砧木种子的处理

苹果砧木种子在秋季成熟后,处于休眠状态。种子需要吸取一定的水分,在低温、通气、湿润条件下经过一定时间的层积处理完成后熟,才能发芽。

(一)沙藏的时间

苹果砧木种子开始沙藏的时间应根据种子完成后熟所需天数、播种时间及当地立地条件等综合确定。不同品种的苹果砧木种子完成后熟所需天数见表4-1。一般西府海棠以12月下旬或翌年1月上旬开始沙藏为宜,沙藏期约60天。以12月上旬开始沙藏为宜,沙藏期80~100天。新疆野苹果以12月中旬开始沙藏为宜,沙藏期80~90天。

表4-1 苹果砧木种子完成后熟所需天数

种类	层积天数（天）	种类	层积天数（天）
山丁子	25~40	海棠果	40~60
毛山丁子	25~40	沙果	60
河南海棠	30~40	新疆野苹果	80~90
三叶海棠	30~40	吉尔吉斯苹果	70
湖北海棠	30~50	小海棠	60~80
西府海棠	40~60	苹果	60~80

（二）沙藏的方法

少量种子可用瓦盆或木箱等容器进行沙藏。大量种子沙藏时,可在排水良好的阴凉处,挖沟储藏。

（三）浸种催芽

沙藏处理是海棠种子常规的催芽方法。这种方法需要的时间较长,易遭受鼠害,没有处理经验的常使种子腐烂,造成损失。如果来不及进行沙藏处理,可采用温水催芽的方法,效果很好,播种后苗木生长整齐健壮,当年夏季即可全部芽接。

播种前20~25天,将海棠种子用清水洗净,清除干瘪种子,然后放在30~40℃的温水中浸泡3~4小时,用手不断搓洗种子。将种子捞出后再用清水浸泡2~3小时,用4倍湿锯末(以手握能成团而不出水,撒开手不散团为宜)将种子混合均匀,装入花盆或木箱内,放在塑料棚内,或在花盆或木箱上绑一层塑料薄膜,然后放在阳光充足的地方进行催芽,一般7~8小时就有少量种子开始发芽,16~18小时又有30%~40%的种子发芽时,就可播种。在催芽过程中要经常检查盆内或木箱内的湿度,见干就喷水,保持湿润,并随时翻动种子,以利发芽均匀。

(四)种子播种

当气温达到5℃以上,5 cm地温达到7~8℃时,我国华北地区约在3月中下旬即可播种,南早北晚。播种量因砧木种类和种子质量不同而异,一般八棱海棠每亩播种2~3.5 kg。播种前,将沙藏种子放于温暖、潮湿条件下催芽,当有一半种子"露白"时即可播种。

多采用带状条播,畦宽1.5~1.6 m,每畦播4行,窄行行距25~30 cm,宽行行距(带距)40~50 cm。播种沟深2.5 cm左右,沟内灌小水,水渗后播种覆土,上面洒一层细沙或一薄层作物秸秆,防止土壤板结。为加速苗木生长,可加盖地膜或小拱棚。

苹果砧木种子为小粒种子,出土时拱土能力很差,给播种带来一些困难,因为播种比较浅,在早春干旱条件下,很不容易保持种子出苗过程中的湿度,苗木出齐前又不能灌水,否则土壤易板结,影响苗木出土。解决的方法如下:一是保持充足的底墒;二是适时播种(地温合适,种子状态好,已开始发芽);三是播种沟坐底水;四是播后覆小垄,局部加深播种深度,提高了保水能力。当种子部分发芽、开始出土时,再平去小垄,这样既满足了种子发芽出土的湿度要求,又不影响种子出土,适合北方春季干旱条件下应用。

三、幼苗管理

地膜覆盖育苗,播种后10~15天即可出齐,此时破膜放苗,扣小拱棚的经过10天左右的通风锻炼后,可拆除拱棚。露地育苗,苗木出土前和幼苗期,如土壤干旱,可在傍晚喷水保湿,注意禁止大水漫灌,以防止土壤板结。小苗长出3~5片真叶时第一次间苗和移栽,株距10 cm左右,移栽时宜带土,栽后单株灌小水。

苗木长到5~6片真叶时第二次间苗,株距20~30 cm。间苗后每亩追施尿素 5 kg 或磷酸二铵 5 kg。追肥后灌水并中耕松土。注意防治苗期立枯病、白粉病、缺铁黄叶病和蚜虫等病虫害。结合病虫害的防治,于叶面喷施 0.3% 尿素溶液。为促进苗木加粗,可在苗高 40~60 cm 时摘心。

第三节　苗木嫁接与接后管理

一、枝接

(一)接穗的采集与处理

接穗应从品种纯正、生长健壮,具备丰产、稳产等优质性状,无病毒病和检疫对象的母本树上采集,最好采集树冠外围的 1 年生发育枝。枝接接穗一般结合冬季修剪时采集。采集后 50 根捆一捆,挂好标签,放于地窖中用湿沙土埋好或选背阴处挖沟沙藏保湿。利用储存接穗从 3 月中旬至 9 月上旬进行嵌芽接,嫁接成活率无显著差异。

嫁接前取出枝条用清水冲洗干净,晾干表面水分后剪成 5~10 cm 长的枝段。为防止嫁接后接穗失水和提高成活率,可先对接穗蘸蜡处理。近年来,苗木生产中多采用单芽腹接,节约接穗,省去蘸蜡,嫁接速度快,成活率高。

(二)枝接时间

春季枝接在果树早春树液开始流动以后即可进行,在保证接穗不萌芽的前提下,嫁接时期可适当延后,但砧木应在树液流动前在接口上 5~10 cm 剪砧,嫁接时在嫁接部位二次剪砧。在生产中枝接可持续到砧木展叶以后。

(三)枝接方法

常用的枝接方法有劈接、腹接、单芽腹接等。

(1)劈接。多用于较粗的砧木,剪(锯)断砧木后,先在砧木横断面的 1/2 处下切 3~5 cm 长劈接口,再将削好的接穗插入砧木劈口一侧或两侧,并对准一侧形成层,严密包扎接口。

(2)腹接。于砧木中下部与枝条纵轴呈 30°斜切至枝条横径 1/3

处。接穗为具有2个饱满芽的枝段,下端削成(与顶芽同侧)一侧厚、一侧薄的削面。将砧木切口撑开后插入接穗,砧穗形成层对齐,剪去接穗以上的砧木,绑扎严紧。

(3)单芽腹接。在砧木枝条中下部的合适部位,自上而下地斜向纵切,一直到木质部,表面向下切入约3 cm,再将切开的树皮切去约一半。操作时反向拿接穗,选好要用的芽,第一刀在叶柄下方斜向纵切,深入木质部。第二刀在芽上方1 cm处,斜向纵切,深入木质部,并向前切削,两刀相交,取下带木质部的盾形芽片。将芽片插入砧木切口中,使下边插入保留的树皮中,使树皮包住接穗芽片的下伤口,但要露出接穗的芽。要将芽片放入切口的中间,使接穗的形成层与砧木的形成层相接,捆扎严紧。

二、芽接

(一)芽接方法

(1)"T"字形芽接。以盾形芽片为接穗,芽片长1.5~2.5 cm、宽0.6 cm左右、通常不带木质部,将盾形芽片嵌入到砧木中,露出芽体,绑缚严紧。

(2)嵌芽接。在芽体上1 cm向下斜切3 cm,切口2 cm斜向纵切与第一刀相交,取下芽片,嵌入砧木中,露出芽体,绑缚严紧(见图4-1)。

(二)芽接时间

普通苹果育苗为两年育成,春季播种、当年秋季芽接,要求芽接后当年接芽不萌发,翌年秋季出圃,采用"T"字形芽接,一般是在8~9月砧木、接穗都离皮时进行。嫁接过早,接芽容易当年萌发,或砧木加粗容易包埋接芽,影响翌年春季接芽萌发;过晚,砧、穗皮层不易剥离,影响嫁接的工作效率和嫁接成活率。若接穗离皮不好,而砧木能正常离皮,可用带木质部芽片;若砧木也不离皮,采用嵌芽接。春季芽接时期为春季萌芽前至展叶期,在北方大部分地区为3月初至4月初,一般采用单芽腹接或嵌芽接。

在培育"三当"(当年播种、当年嫁接、当年出圃)速生苗或矮化中间砧 2 年速生苗时,一般在 5 月下旬至 6 月下旬进行芽接,采用储藏休眠枝条作接穗,可用嵌芽接。采用当年新梢作接穗,如果砧、穗都能离皮,既可采用"T"字形芽接,也可采用嵌芽接;如果接穗离皮不好,而砧木能正常离皮,可用带木质部的"T"字形芽接;若砧、穗都不能离皮,只能采用嵌芽接。

三、接后管理

接后及时查看成活率,适时解绑、补接,剪砧除萌。进入 6 月以后苗木生长迅速,需水肥较多。为促进苗木生长和加粗,应追肥 1 次,灌水并进行中耕除草。春季播种的实生苗追肥以氮肥为主,每亩追施尿素 5 ~ 10 kg;2 年生嫁接苗,每亩追施尿素 10 ~ 15 kg 或硫酸铵 15 ~ 20 kg。追肥后及时灌水和中耕除草。8 月雨水量较多,嫁接苗生长旺盛,为了使嫁接苗充实健壮,适当控制灌水次数和施氮肥的量,适当增施磷、钾肥或于叶面喷施磷酸二氢钾。8 月中下旬可对苗木轻摘心,以加深其木质化程度。

6 月以后苗木生长迅速,此期如果水分过大,会引起徒长,新梢顶端黄化。特别是黏重土壤,通透性差,影响根系吸收功能,黄化严重。可多次于叶面喷肥,喷布 0.3% 尿素溶液加 0.2% ~ 0.3% 磷酸二氢钾溶液,或喷布 0.3% 尿素溶液加 0.2% 磷酸二氢钾溶液,加 0.2% 硫酸亚铁溶液。当苗高长至 60 ~ 80 cm 时,及时摘心,促生分枝。摘心法促发的分枝一般角度小,生长势强,应扭梢或拉枝进行生长势和角度的控制。促进分枝的方法还有涂抹发枝素定位发枝。在新梢顶端留叶柄摘叶,然后间隔 20 天左右连续喷 3 ~ 5 次普洛马林,可促发分枝。

第四节　矮化砧苹果苗培育

一、建立矮化砧扩繁圃

通过营养繁殖而具有根系的矮化砧苗,再嫁接苹果品种接穗而育成的苗木叫作矮化自根砧苹果苗。如果把矮化砧接在普通的砧木上,作为中间砧,再在中间砧上嫁接苹果栽培品种,这样育成的苗木叫矮化中间砧苹果苗,因此繁殖自根砧苗和中间砧苗都需要建立矮化砧扩繁圃,以供应充足的矮化砧木自根苗或矮化中间砧木接穗。扩繁圃一般建成压条圃,既可提供矮化自根砧苗,又可生产矮化中间砧木接穗。如果只繁殖中间砧接穗,也可培育成矮化砧自根树。扩繁圃内禁止直接嫁接品种和分段芽接品种,以防病毒传播和造成品种混乱。

二、矮化自根砧苗的培育

(一)压条繁殖

矮化自根砧苗通常是用压条方法繁殖的。压条繁殖是将未脱离母体的枝条压入土中,待形成不定根并进而生根后把枝条切离母体,成为独立植株的一种繁殖方法。压条繁殖生根过程中所需的水分、养分都由母体供应,因此该方法简便易行,成活率高,管理容易。但由于受母体的限制,压条繁殖的缺陷是繁殖系数较低,且生根时间较长。

苹果压条繁殖的方法包括水平压条和垂直压条(直立压条)两种。随着母株的扩大,可以采用水平压条和垂直压条相结合的方法。

压条繁殖的矮化自根砧苗,需按照一定株行距归圃移栽到生产圃中,经培育后再芽接或枝接苹果品种。为保证苗木质量和方便管理,栽植密度一般为行距 50～60 cm、株距 20～30 cm。每亩出苗 4 500～6 500株。

1. 水平压条技术

水平压条多用于枝条细长柔软的矮化砧类型,如 M7、M2 等。水平压条多在春季多数芽萌发后进行(见附图 1-3)。选用矮化砧母株上的 1 年生枝条,剪去枝梢的不充实部分,抹除母株苗干基部和梢部的芽,顺母株栽植的倾斜方向将枝条压倒于预先挖好的浅沟中,固定于沟内,或用塑料薄膜带将相邻两株矮化枝条首尾绑缚于浅沟内,使其低于地面 2～3 cm。待新梢长到 15～20 cm,进行第一次培土或使用混合土(园土、腐熟锯末、细沙土各占 1/3);使用混合土的好处是保证栽植沟内土壤有良好的保水性和透气性,促使根部发育良好,剪砧时也不易损伤根系。培土前先把新梢基部的叶片摘除,用潮湿细土培在新梢基部,培土厚度约为10 cm。也可先灌水,后培土,以保持土壤湿润,20～30天后即可发根。1个月后进行第二次培土,两次培土厚度共30 cm左右。两次培土的同时,在新梢的适当部位进行芽接或者绿枝嫁接栽培品种,嫁接成活后及时剪砧,促使嫁接苗生长成株。

在水平压条繁殖苗的生长期内,要特别注意保持土壤湿润,旱时需要适时灌水,并适量追肥,注意病虫害防治,使砧木苗生长健壮,根系良好。当年晚秋、初冬时,将培土全部扒开,露出水平压倒的母株苗干及其上1年生枝基部长出的根系。将每个生根的1年生枝在基部留1 cm的短桩,剪下成为砧木苗,而压倒的母株苗干及苗干上留下的一些有根的短桩则留在原处。剪下的砧木苗分级后,窖藏沙培越冬。短桩上的剪口要略微倾斜,以便下一年从剪口下萌发新梢后可继续进行培土生根。母株苗干上长出的未生根的1年生枝可留在原地不剪,作为母株继续水平压条,压倒时应与原母株苗干平行,并有10 cm的间距。母株苗干上长出的未生根的细弱枝全部剪除。剪苗后的原母株苗干,重新培土灌水越冬,待第二年春天扒开母株水平苗干上的培土,隐约露出母株水平苗干及其上的短桩;短桩上的新梢穿土而出,待新梢长至15 cm时开始培土,重复上一年的工作过程。

2. 垂直压条技术

垂直压条多用于枝条粗壮直立、硬而较脆的矮化砧类型,如M9、M4、M26、MM104、MM106等。

春季将矮化砧母株从近地面处短截,促使近地面处萌发较多新梢。待新梢长到15～20 cm时,摘除新梢基部的叶片。灌水后,在新梢基部进行第一次培土,培土厚度10 cm左右,保持土壤湿润。1个月后进行第二次培土,两次培土的厚度共约30 cm。培土的同时,在新梢的适当部位进行芽接或者绿枝嫁接栽培品种,嫁接成活后及时剪砧,促使嫁接苗生长成株。当年或者翌年与母株分离,独立形成自根矮化砧的苹果苗,即可定植。

(二)扦插繁殖

扦插繁殖是利用离体的植物营养器官具有再生植株的能力,切取其根、茎的一部分,在一定的条件下,插入土、沙或其他基质中,使其生根发芽,经过培育发育成为完整植株的繁殖方法。扦插繁殖除具备营养苗繁殖的基本特点外,还具有方法简便、取材容易、成苗迅速、繁育系数大等优点。扦插繁殖育苗在管理上要求比较精细,必须给予适当的温度、湿度等外界条件,才能保证成活、成苗。

1. 扦插繁殖的方法

苹果矮化砧木的扦插繁殖,常用硬枝扦插、嫩枝扦插和根段扦插3种方法。

(1)硬枝扦插技术。硬枝扦插所需插穗多在矮化砧母本园中于秋冬季采集1年生成熟枝条,剪留长度15~20 cm,上端剪平,下端剪成斜面,按50条或100条捆成一捆,直立深埋在湿沙或锯末中,上部覆沙5~6 cm厚;环境温度保持在4~5 ℃,促使插穗基部形成愈伤组织。翌年扦插前,圃地应施肥、整平,充分灌水。冬季储藏期间形成不定根的插穗,可直接用于扦插。冬季储藏期间未生根的插穗,用40~50 μg/L吲哚乙酸液浸泡基部24小时,或者用1 500 μg/L吲哚丁酸液浸泡基部10 s,然后扦插,可提高生根率。扦插时,按50 cm行距开沟,依株距5~7 cm将插穗斜放在沟壁内,覆土。扦插后,经常保持土壤湿润。

矮化砧木中,硬枝扦插的MM106最易生根,生根率可达89%~92%。扦插生根能力较强的还有MM104、M9和M26等,MM4生根较差。

(2)嫩枝扦插技术。嫩枝扦插须在具有人工弥雾装置的苗床内进行,苗床基质可用蛭石、细沙,或3份细沙与1份泥炭混合。扦插采用矮化砧母本园生长健壮的半木质化新梢。剪穗前,对其进行遮光黄化处理,能够促进激素合成,加快生根速度。插穗长8~12 cm,留2~3个芽,保留上部叶片,下端剪成斜面,按行距5~10 cm、株距2.5 cm扦插于苗床内。扦插后立即进行人工弥雾,先适当遮阴,后逐渐加光,经4~6周生根后,可移栽繁殖。

不同的矮化砧品种的发根率不同,MM106和M26的发根率可达90%,M9的发根率可达70%。移栽露地后生长良好。嫩枝扦插可与嫁接剪砧配合施行,以提高繁殖系数。

(3)根段扦插技术。可利用秋季矮化砧自根苗起苗后,残留在圃地内的、粗度 0.5 cm 以上的根段,也可以直接由矮化砧母本园的自根矮化砧母枝上剪取枝段。接穗长 10 cm 左右,下端剪成斜面,50～100 根捆扎于温室内的塑料薄膜袋中。扦插后,温度保持在 15 ℃,7～10 天抽穗生根,将温度升高到 21 ℃,促使不定芽萌发生长。此法繁殖速度快、效率高,春季将砧苗移栽,秋季可达芽接粗度。

2. 影响扦插成活的因素

(1)矮化砧木的品种类型。不同的砧木品种由于其遗传特性的差异,在形态、结构、生长发育规律及对外界环境条件的同化和适应能力等方面都有差别,因而在扦插过程中,生根的难易程度不同;有的扦插后很易生根,有的稍难或很难生根。一般而言,MM111、MM106 较易生根,而 M3、M4 和 M11 较难生根。

(2)矮化砧母株及枝条的年龄。矮化砧插穗的生根能力随着母株树龄的增加而降低,母株树龄越大,阶段发育越老,则生活力衰弱,生长激素减少,细胞生育能力下降;相反,幼龄母株由于其阶段年龄较短,营养丰富,激素较多,细胞分生能力强,有利于生根。因此,从幼龄母株上采下的枝条容易生根,1 年生的枝条扦插成活率较高,2 年生的枝条生根率会有所下降。

(3)温度。温度对插穗生根的影响表现在气温和地温两个方面。地温主要影响插穗的生根速度,气温主要满足芽的活动和叶片的光合作用。气温较高时,叶、芽的生理活动强,有利于营养物质的积累并促进生根;但较高的气温也明显使叶部蒸腾加速,往往引起插穗失水枯萎。所以,在插穗生根期间,最好能够通过塑料大棚、电热温床等设施条件,提高地温,创造地温略高于气温的环境,扦插育苗。

(4)水分。在扦插繁殖育苗时,空气、基质中的水分及插穗本身的含水量都影响扦插后的成活与否及扦插的成活率。特别是嫩枝扦插,空气湿度的大小是决定扦插能否成功的关键。生产上,一般采用人工弥雾设施来提高苹果嫩枝扦插的生根效率。

(5)光照。充足的光照能提高插床的温度和控制条件下插床内的空气相对湿度,也是嫩枝扦插生根不可缺少的条件。因此,充足的光照往往促进光合作用,此情况下,插穗体内所产生的碳素营养物质和植物生长激素对插穗生根具有促进作用,可以缩短生根时间,提高成活率。但是,光照过强会增加水分蒸发量,导致插穗水分失去平衡,严重的可能引起枝条干枯或灼伤,降低成活率。生产实践中,对于苹果矮化砧木的嫩枝扦插,一般采取前期遮光、后期全光照并且全自动喷雾的方法,将温度、湿度和光照控制在最适于插穗生根的条件范围内。

（6）透气情况。插穗形成愈伤组织的过程是一个代谢旺盛的活动,进行着强烈的呼吸作用,需要足够的氧气。通气情况主要是指插床中的空气状况和氧气含量。通气情况良好,呼吸作用需要的氧气就能够得到充足供应,有利于扦插成活。疏松、透气性好的基质对插穗生根具有促进作用。

三、矮化中间砧苹果苗的培育

（一）单芽嫁接

第一年春播普通砧木种子,得到实生苗,秋季芽接或翌年春季单芽腹接矮化砧。翌年得到矮化中间砧苗,第二年秋季或第三年春季在要求中间砧长度（20～35 cm）的地方芽接或单芽腹接苹果品种。第三年秋后育成矮化中间砧苹果苗。

如果采用普通砧快速育苗的方法,在翌年5月下旬至7月上旬接品种芽片,接好后,摘除中间砧苗的顶梢,使其充实、加粗,有利于接芽的成活。接芽成活后7～10天,在接芽上端2～3 cm处将砧梢折倒在接芽的反面,如果中间砧段有副梢或叶片完好,也可于接芽上方直接剪去砧梢。采用这种方法秋后即可得到矮化中间砧苹果速成苗,育苗周期可由3年缩短为2年。采用此种方法的技术关键是嫁接时期不可过晚,一般华北地区不晚于7月中旬;中间砧段保留副梢或保证叶片完好;品种接芽最好为储存的越冬芽,当年新梢上的芽宜选用中部饱满芽,因中下部和上部芽萌发慢,当年苗木生长弱;嫁接方法以嵌芽接为好,成活率高,萌芽整齐。

(二)分段芽接

分段芽接也叫枝芽结合接法。第一年春播普通砧木种子,得到实生苗,秋季芽接矮化砧。翌年秋季,在矮化中间砧苗上每隔 30~40 cm 分段芽接苹果品种芽片。第三年春季留最下部一个品种芽剪砧,剪下的枝条从每个品种芽上部分段剪截,每段枝条顶端有 1 个成活的品种接芽,将其枝接在培育好的普通基砧上,秋季成苗出圃。分段芽接只能在生产圃中进行,不能在砧木扩繁圃或母本保存圃中嫁接。

(三)春季二重枝接

早春将苹果品种接穗枝接在矮化中间砧茎段上,然后将这一茎段枝接在普通砧木上,称为春季二重枝接。这种方法在较好的肥水条件下,当年便可获得质量较好的矮化中间砧苹果苗。当采用春季二重枝接时,对中间砧段保湿非常重要,可把带有苹果品种接穗的中间砧段,在 95~100 ℃石蜡液中浸蘸一下再接,并用塑料薄膜包严接口,基部培土少许;少量繁殖苗木时,也可将带有苹果品种接穗的中间砧茎段事先用塑料薄膜缠严,再嫁接到普通砧木上,品种萌发后,要逐渐去除包扎的薄膜,至新梢长 5~10 cm 时才能全部除去。

(四)双芽靠接

第一年秋季,在普通砧木实生苗近地面处,相对的两侧分别接矮化砧和品种芽各 1 个。翌年春季剪砧,2 个接芽分别萌发。夏季将 2 个新梢靠接,靠接的部位要使留有的中间砧长为 20~35 cm。成活后,秋季剪去矮化砧新梢上段和品种新梢下段,这样两年即育出矮化中间砧果苗。因为在同一普通砧上同时培育出两种适合的、靠接的新梢比较困难,所以双芽靠接法在生产上应用较少。

(五)中间砧段长度对致矮效果的影响

郭金利等对采用不同长度矮化中间砧(GM256)的'金红'苹果树树体生长状况的调查研究表明,无论是幼树还是初盛果期树,随着中间砧长度的增加,其株高、新梢生长量均递减,短枝、叶丛枝、中长枝数量均呈递增趋势。但随着中间砧长度的增加,对金红幼树的株高、新梢生长量、短枝、叶丛枝、中长枝数量的增减量不如对'金红'初盛果期树相应指标增减的变幅大。由此说明,在一定范围内,随着树龄的增加,中间砧的矮化作用逐渐显著。秦立者等研究了 M26 中间砧地上部砧段长度对红富士苹果生长发育的影响,结果表明,苹果矮化中间砧地上部砧段长度对红富士苹果树树体生长有显著影响;中间砧露出地面越高,对树体生长的抑制作用越明显,露出地面低,则矮化效果不理想;适宜的露地高度为 10～15 cm。

由于当前苹果生产上只有我国等少数国家在苹果矮化密植栽培中应用中间砧的方法,该方面研究多限于国内。但目前我国关于苹果矮化中间砧的长度对矮化效果的影响尚缺乏全面和系统的研究,因此生产中采用的中间砧的长度还需要根据基砧的种类、中间砧的类型及不同的苹果品种和产地进行相关的试验与规范。总体而言,对于常用的中间砧品种,在不易发生冻害的地区,可按常规方法使用长 20～30 cm 的中间砧段;在经常出现冻害的地区,则应加大中间砧段的长度至50～60 cm 或更长些。

第五节　苹果苗木的质量标准

培育和栽植优质苗木,是实现苹果早期丰产和连年高产、稳产的前提条件。一般凡属优质苗木,除了品种与砧木类型纯正,还应具备以下条件:根系发达,茎干粗壮,嫁接部位的砧段长度合适,整形带内的芽子大而充实,接口部位愈合良好,剪口完全愈合。

苗木分级总的要求是:品种、砧木纯正,地上部健壮充实,符合要求的高度和粗度;芽饱满,根系发达,须根多,断根少,无严重病虫害和机械损伤,嫁接部位愈合良好。苹果无病毒苗木,不得带有苹果绿皱果病毒、苹果锈果类病毒、苹果花叶病毒、苹果褪绿叶斑病毒、苹果茎痘病毒和苹果茎沟病毒。苹果苗木共分 3 级,等级规格指标见表4-2。

表 4-2　苹果苗木等级规格指标

项目		1 级	2 级	3 级
基本要求		品种和砧木类型纯正,无检疫对象和严重病虫害,无冻害和明显的机械损伤,侧根分布均匀舒展、须根多,接合部和砧桩剪口愈合良好,根和茎无干缩皱皮		
$D \geqslant 0.3$ cm, $L \geqslant 20$ cm 的侧根ª(条)		≥5	≥4	≥3
$D \geqslant 0.2$ cm, $L \geqslant 20$ cm 的侧根ᵇ(条)		≥10		
根砧长度(cm)	乔化砧苹果苗	≤5		
	矮化中间砧苹果苗	≤5		
	矮化自根砧苹果苗	15～20,但同一批苹果苗木变幅不得超过5		
中间砧长度(cm)		20～30,但同一批苹果苗木变幅不得超过5		
苗木高度(cm)		>120	>100～120	>80～100
苗木粗度(cm)	乔化砧苹果苗	≥1.2	≥1.0	≥0.8
	矮化中间砧苹果苗	≥1.2	≥1.0	≥0.8
	矮化自根砧苹果苗	≥1.0	≥0.8	≥0.6
倾斜度(°)		≤15		
整形带内饱满芽数(个)		≥10	≥8	≥6

注:①D 指粗度,L 指长度;
　　②ª 包括乔化砧苹果苗和矮化中间砧苹果苗;
　　③ᵇ 指矮化自根砧苹果苗。

第五章 苹果的整形修剪技术

第一节 常见树形及整形

近几年,随着苹果产业的发展,矮化密植已成主流栽培形式。树形也发生了很大的改变,由乔化向矮化转变,结构由复杂变简单,修剪手法由重剪短截变为轻剪甩放,修剪时期由注重冬剪变为四季修剪。

一、主干形(圆柱形)

(一)树体结构
树高 3~3.5 m,干高 60~80 cm,中央领导干粗壮、直立,其上均匀交错着生 18~23 个生长中庸、粗细、长短相近,呈螺旋上升的单轴状侧生分枝。分枝基径约 5 cm,与主干径比为(0.25~0.30):1,呈 120°下斜生长,其上直接着生 20~22 个下垂的小串形结果枝组(见附图 5-1)。

(二)主要特点
(1)侧生分枝强壮一致,分布匀称,枝条下斜,树势平衡稳健。

(2)果枝小型、松散、均匀、下垂,立体结果部位宽广均匀,相当于疏层形、纺锤形和主干形的 140%~150%。

(3)侧生分枝均匀分布、下垂生长、挂果均匀,且各部位光照充足,果个大小和产量明显高于细长纺锤形,质量优于疏层形。

(4)枝类级次从属分明,修剪量小,简便省工,养分无效消耗少。

(5)行间保持 1 m 通道,通风透光,同时方便田间作业。

(三)树形的整形
栽后第 1~3 年整形基本同自由纺锤形和细长纺锤形,通过拉枝长放至第 3 年可形成 10 多个侧生分枝,树高达 2.2 m,冠径达 2.0 m,初成雏形。与纺锤形树形不同的是,拉枝角度应达 135°,解缚后保持

120°左右。

第 4～6 年除搞好枝条的拉、疏和拿、揉等处理外,第 4 年继续培养上部侧生分枝,一次性疏除基部的 3 个主干同龄枝(栽后第 1 年形成的),以保持主干健壮生长和各侧生分枝均衡生长。第 5～6 年于 6 月上旬营养转换期,及时落头至最上一个侧生分枝处,促进中上部侧生分枝的均衡健壮生长,树形基本成形。

成形树的整形修剪,改冬剪为一年四季修剪。冬剪主要是调整枝量、花量。生长季修剪,于每年 5 月下旬至 6 月上旬,对当年生新梢,没空间的疏除,有空间的通过拉、扭、揉、拿等办法,促使成花。对侧生分枝延长头,每年 9 月于 1.2 m 处回缩。

总之,改良圆柱形修剪,以疏密、缓放为主,少短截、不摘心,以免枝条丛生,同时不采用剥、割等办法损伤树体,做到营养分流、树势平衡。

二、小冠疏层形

小冠疏层形是由原来的疏散分层形改进、简化而来的,又叫简易疏层形,属中冠树形,适用于中密度栽植。

(一)树体结构

干高 60～70 cm,树高 2.5～3 m,整树有 5～7 个主枝,分 2～3 层,呈"3+2""3+2+1""3+2+2"排列。层间距 1 层与 2 层 70～80 cm、2 层与 3 层 50～60 cm。无 3 层时,可适当加大层内和层间距。这种树形结构与过去的疏散分层形近似,但留枝量少,对主侧枝的处理、修剪程度及方式等,都与纺锤形树形相似。

(二)树形的培养与整形

定植后,萌芽前定干 60～70 cm,剪口下留 7～8 个饱满芽。为了能在第 1 年抽出的枝条中选出第 1 层主枝,对萌芽率、发枝力低的品种,可从结合刻芽促发枝条抽生。萌芽后,对靠近地面 50 cm 内的萌芽随时抹除,集中养分供给新梢生长。夏季,从抽生的新梢中,选出上部旺枝作为中央延长头,从其下方新枝中选邻接的 3 个枝留作主枝。秋季,将中央干延长头留 1 m 左右摘心,主枝留 70 cm 左右摘心,使其发育充实、芽体饱满,长度不足要求的可推迟摘心。正常落叶前 1 个月左右,若新梢仍处于旺长状态,则应全部摘心,使其充分木质化,增强越冬抗寒能力,防止冬春抽条。冬季修剪时,中央干延长头剪留 80~90 cm,主枝剪留 40~50 cm,并将主枝角度开张到 60°,两两主枝夹角调整为 120°左右。其他枝暂留作辅养枝,缓放不剪,待以后再定去留。

栽后第 2~3 年:继续培养第 1、2 层主枝,并在第 1 层主枝上选配 1~2 个小侧枝。侧枝要选在主枝的背斜侧方向并左右排开。也可用刻芽、涂抽枝宝的方法使其在适当位置发枝。第 2 层主枝间距离要留够 70~80 cm。其间的枝条一般不短截,缓放作辅养枝,并开角至 80°~90°。主枝延长头继续在饱满芽处短截,当剪留长度达到 1 m 左右时,拉开呈 60°角,不足 1 m 的暂不拉。主枝背上的直立旺枝,当长度达到 30 cm 左右时,要在夏剪时扭梢或拿枝。从第 3 年夏季起,对第 1、2 层间的大辅养枝进行扭、拿,或环割(剥),缓势促花。

栽后第 4~5 年:4 年生时,若树冠仍不够大,株间尚未交接,主枝还可继续短截,扩大树冠。这时 1、2 层主侧枝均已选够,可根据需要选第 3 层主枝。当树冠够高度时,也可不选第 3 层主枝。从第 4 年开始,在第 1 层主枝上和中央干 1、2 层之间,采用先放后缩的办法,冬、夏修剪相配合,培养结果枝组,为向初果期过渡做好准备。同时,为保持中央干与各层主枝的生长优势和适当的方位角,冬夏修剪时要随时注意调整。当原头过弱时,要用竞争枝换头;当原头生长正常时,则要控制或疏除竞争枝。

三、细长纺锤形

(一)树形结构

树高 3 m 左右,中心干直立、强壮,冠径 1.5 m 左右,主干高 60 cm 左右,中心干上均匀着生 30 个左右的小主枝,开张角度 90°~110°。主枝粗度小于其着生处中心干粗度的 1/3,主枝上分布结果枝,无侧枝之分。整个主枝实为一个水平至下垂生长状的结果枝组。

(二)树形的培养与整形

定植后,根据苗木质量分别定干,苗高 1~1.5 m 的,可在 0.6~0.8 m 饱满芽处短截定干;苗高 1.5~1.8 m 的,定干高度 1.2 m;苗高超过 1.8 m 不定干,去除粗度超过主干 1/3 的分枝;苗高不足 1 m 的,宜在 0.5 m 处选择饱满芽短截,第 2 年再处理。中心干夏季长成双头或多头的,选留一个强旺枝作延长头,剪除竞争枝。为使中心干通直,可在树旁绑竹竿或拉钢丝辅助生长。春季发芽前于中心干上每隔 5 ~ 6 个芽进行刻芽,在芽上方刻伤,促使中心干分枝,当主枝多时,可减缓枝条的生长势。疏除主干上距地面 50 cm 以下的分枝,减少养分消耗。主枝长 20 ~ 30 cm 时,开角至 90° ~ 110°,生长势强的开张角度大些,生长势弱的开张角度小些。间隔一段时间对主枝进行一次拿枝软化,对其萌生的背上枝及时揉转至下垂。为控制主枝延长过快,对超过 60 cm 的主枝进行摘心去叶,控制其生长势。

栽后 2 ~ 3 年,保持中心干优势,剪除粗度超过中心干 1/3 的主枝及与中心干有竞争的枝条,从中心干上发出的枝条尽量多留,使中心干延长枝生长量达 80 cm 以上,树高最终达到 3 m 左右。控制主枝生长势,主枝上只留结果枝组,当主枝上的背上枝多时,可适当疏除一部分,余下的长 15 ~ 20 cm 时,进行基部扭梢,并不断进行揉枝软化。当主枝上的水平小枝长 15 cm 时摘心,控长促壮。对生长势旺、其上短枝顶芽在 6 月初过早萌发的粗壮主枝进行环割,控制生长势,促生大量短枝,部分可形成花芽。

第二节 修剪手法及影响修剪效果的因子

一、修剪手法

修剪分冬季修剪和生长季修剪,密植栽培将注重冬剪为主的方法改为夏冬修剪并举,生长季修剪皆宜。冬季修剪常见的修剪手法有长放、回缩、短截、疏枝。传统注重短截回缩,密植小冠栽培以长放疏枝为主,少短截或轻短截。生长季修剪常见的手法有长放、疏枝、拉枝、刻芽等。

现介绍一下在生产过程中常用的手法,有以下几种。

（一）长放

长放也叫甩放，即不进行修剪，保留枝条顶芽，让顶芽发枝。进行适当的长放，有利于缓和树势，促进花芽分化形成。长放常与回缩相结合，培养结果枝组。利用轻剪长放和短剪回缩调节控制枝组内及枝组间的更新更壮与生长结果，使其既能保持旺盛的结果能力，又具有适当的营养生长量。

（二）疏枝

疏枝是指将枝条从基部剪去。一般用于疏除病虫枝、干枯枝、无用的徒长枝、过密的交叉枝和重叠枝，以及外围搭接的发育枝和过密的辅养枝等。疏枝的作用是改善树冠的通风透光条件，提高叶片的光合效能，增加养分积累。疏枝对全树有削弱生长势的作用。

（三）拉枝

拉枝也叫捋枝，是在7～8月新梢木质化时，将其从基部弯成水平或下垂状态，是控制1年生直立枝、竞争枝和其他旺长枝条的有效措施。经过捋枝的枝条，削弱了顶端优势，改变了延伸方向，缓和了营养生长，有利于成花结果。

（1）拉枝的时期。拉枝的最佳时期为：1年生至2年生枝，宜在8月中旬至9月中旬进行。3年生以上枝，宜在春季开花后至5月中旬拉枝。

（2）拉枝的方法。开角采取"一推、二揉、三压、四定位"，具体是："一推"，手握枝条向上及向下反复推动；"二揉"，将枝条反复揉软；"三压"，在揉软的同时，将枝条下压至所要求角度；"四定位"，将拉枝绳或铁丝系于枝条，使其恰好直顺，不呈"弓"形为宜。1年生至2年生枝也可选用"E"形开角器开角。对于较粗的、推揉拉有困难的大枝，在背后基部位置连续二锯或三锯，深度不超过枝组的1/3，锯口间距大约在3cm以内，然后下压固定。

（3）注意问题。果树拉枝，应从幼树整形开始，1年生枝在长至要求长度时，再拉至所要求角度；拉好的枝须平顺直展，不能呈"弓"形；拉枝时，在调整好上下夹角的同时，应注意水平方位角的调整，让小主枝和结果枝组均匀分布于树体空间，不能交叉重叠；拉枝不可能一次到位,随着枝龄的增长,要不断更新拉枝部位,保证枝条拉到要求的角度。

(四)刻芽

用刀在枝芽的上(或下)方横切(或纵切)而深及木质部的方法,常结合其他修剪方法使用。果树刻芽,能够定向定位培养骨干枝,建造良好的树体结构;集中营养形成高质量的中枝、短枝,进一步培养结果枝组,使树早结。刻芽还能增补缺枝,纠正偏冠,抑强扶弱,调节枝条生长,平衡树势,使树稳产。

刻芽有旺枝刻芽、虚旺枝分道环割、细小虚旺枝(特别是背上)抑顶促萌(15 mm 左右),较长的可隔 4~5 芽转枝。特别旺的枝还可以配合促发牵制枝,对较大的枝可开张角度,引光入内,通过主枝开张角度的大小来控制长势。对背上的大枝适当去除,其余发芽后基部转枝拉下垂固定,要注意摆好枝位,分散开,避免影响光照,背上稳定的小枝不要拉,以免背上光秃,日灼成伤。侧枝要根据枝条的着生位置及生长势,适当调整角度,使斜背上、水平、斜下均匀合理分布,特别是老、弱树,要注意将生长优势转化为结果优势。

对于旺枝,可在发芽前进行刻芽,时间过早,冬季天冷,刻伤口会散失树体内的水分,促芽体失水受冻,严重者干枯死芽,最理想的时间应为萌芽前 7~10 天开始。根据枝条强旺的程度决定刻芽的方法。若枝条过于强旺,可采取芽芽刻(如果必要,还可以配合转枝、拉枝等其他措施),即除枝条梢部瘦弱的芽和基部不需要出枝的部位不刻外,其余的芽全部刻。由于芽的异质性,刻芽时注意分清下面两种情况,枝条直立时,每个芽的情况相当,全部采用芽前刻方法。而当枝条横向生长时,由于背上和背下芽的差异较大,背上的芽容易萌发,背下的芽不易萌发,所以刻芽时采用背下背侧芽芽前刻,背上芽芽后刻或不刻。这样处理以后,由于刻芽使该枝条上大部分芽萌发,分流了养分,从而控制了枝条的旺长。如果方法得当,力度拿捏准确,出来的芽往往能长成叶丛枝而形成顶花芽。如果枝条只是一般的旺长,而不是过于强旺,就可以采取间隔几个芽刻一个芽的方法进行。具体操作同上面的情况。

在具体枝条上,要求对旺条上的饱满芽刻芽,实际上每个枝只有中部芽体饱满,基部和梢部都是弱芽,有的枝条后部为春生旺条芽饱满,这样只能在春生旺条的饱满芽上刻芽,对于不饱满的秋生虚旺条,每隔5~6个芽进行分道环割;若为细长虚旺条,则分道转枝。旺枝上的饱满芽刻芽是均匀分散营养,虚旺条分道环割是分段集中营养,其目的都是促发有效壮枝。

刻芽时间:萌芽前后。

刻芽位置、方式:为促进芽眼萌发,春季芽萌动前,在芽的上方刻伤;芽萌动后,在芽的下方刻伤。

刻芽位置、方式:直线刻,在芽前0.5 cm呈直线形刻一刀,深达木质部;半月形刻,在芽前0.5 cm呈半月形刻一刀,深达木质部,这种刻法较直线刻法促进萌芽效果更好。

刻芽工具:生产中常用的工具刀、剪,或小钢锯割破皮层,深达木质部即可。

刻芽效果:刻背上芽易抽枝,刻两侧芽易出叶丛枝成花。

刻芽时需认真操作:慎重确定要刻的芽数目,根据品种特性、树势强弱、枝条的长势、枝条着生位置,以及刻芽的目的,决定刻芽数目。刻芽数目,一般来说,普通品种多于短枝品种;萌芽率低的多于萌芽率高的。

树势强的树可多刻芽,树势中庸的少刻芽,细弱的长枝则不要刻芽。粗壮长枝上的芽可以多刻,细弱的长枝上则不要刻芽。骨干枝上少刻芽,辅养枝上刻芽可以多些,但也不宜芽芽都刻,以免造成树形紊乱。

定向定位刻芽:要紧贴着芽尖刻,距离芽尖1~2 mm下刀,但不要伤及芽体,下刀用力要均匀,稍微刻入木质部。一般促发中枝、短枝的刻芽,刀口要离芽体远一些,刀口距芽体5 mm,刻得轻一些,只划破皮层,勿伤木质部,但也不能只划伤表皮而划不透皮层。

刻芽的作用要明确:刻芽就是在果树枝干的芽上0.3~0.5 cm处,用小刀或小钢锯切断皮层筛管或少许木质部导管。在大树缺枝部位刻芽可定向发枝。幼树树冠偏斜,刻芽可平衡树体结构。甩放枝刻芽可抽出中短枝。水平枝和角度开张的枝干萌芽前,对枝条两侧和背下刻芽,萌发的枝条争夺水分和养分,可以抑制背上芽萌发,减少背上冒条。

刻芽要有针对性:为了抽长枝,刻芽要早(3月上旬)、要深(至木质部内)、要宽(大于芽的宽度)、要近(距芽0.2 cm左右)。

为了抽短枝,刻芽要晚(3月中旬)、要浅(刻至木质部,但不伤及木质部)、要窄(小于芽的宽度)、要远(距芽0.5 cm左右)。

二、不同类型树体的整形修剪

旺长树营养建造主要用于长梢长根,积累少,营养性长枝比例高,新梢生长量大,短枝比例低。冬剪应以疏剪为主,尽量少短截;生长季修剪以春刻芽、夏环剥、秋拉枝来增加分枝和短果枝比例,控势促花。

中庸树修剪主要是调节枝组和营养枝的布局,注意营养枝、结果枝比例的协调,及时更新复壮,合理负载,防止大小年。

弱树修剪应多短截、少疏枝、加强土肥水管理,复壮树势。

第三节　生产过程中常见的问题及解决方法

一、生产过程中常见的问题

(一)枝组过长,细弱无力

幼树期连年长放,不注意四季修剪的配合。枝条后部多存在光秃带,长期外围结果,使结果部位外移。长度多在1 m左右,结果状况不佳。

(二)枝组太密,影响光照

生产中主要存在两种类型:一种是主枝上分布的枝组过于集中,在大枝组的影响下,中小型枝组见光较少,枝组衰弱较快;另一种类型是就单个枝组内部而言的,所配置的三种类型枝普遍偏多,枝与枝之间相互影响、相互遮光,造成枝组整体透光性太差。

(三)"三套枝"比例失衡

连续结果能力差,由于过多、过重地应用夏剪促花措施,成花过多;冬剪时,惜花惜果,所留结果枝太多,预备结果枝和营养枝太少,待结果后,果台副梢及其他新梢过弱,无更新预备枝,第二年较难形成花芽,造成"大小年"。

（四）盛果期结果枝组易下垂

进入盛果期后，仍沿用幼树和初果期对枝组的配置及修剪方法，不注意枝组的短截回缩，不更新，冬剪时过多地疏除当年新发的强壮营养枝，枝组、枝龄太大，衰弱现象明显。

二、解决方法

（一）依据树龄，配置合适的枝组

初果期树势较强，应多配置两侧及下部的枝组，疏除背上直立枝；进入盛果期后，树势中庸甚至偏弱，应保留和培养背上直立与斜生枝组，而疏除下垂枝组，不断回缩和更新两侧及斜生的枝组，用枝组的态势来调节树势。

（二）改善密闭状况，为枝组正常生长创造条件

一是开张各级骨干枝角度，打开光线进入内膛的通道，促进骨干枝上多发枝，按照需要配置合适的枝组；二是减少大枝数量，合理控制层间隔，保持主枝优势。

（三）大、中、小型枝组插空排列，错落有致

既要使枝组丰富，各类枝条比例合适，又不相互影响；不但要保证枝组的培养及更新，而且要保证产量不受影响，调整后每个主枝上大枝组的比例不超过20%，中、小型枝组占80%～90%。

（四）及时更新复壮

合理应用"三套枝"结果技术，有计划地对结果枝组进行更新。首先，对已结过果、表现过弱且无发展可能的枝组进行疏除，给其他壮枝留足空间；其次，在同一枝组内，逐渐疏除下垂枝，充分利用直立或向上斜生的枝并适当短截，使枝组枝势健壮；最后，根据枝组类型，对大中型及长放枝组一般采用抑前促后的原则，缓放枝组延长头，短截预备枝，缓放结果枝后及时回缩，从而使枝组内结果枝、预备枝和营养枝的比例合理。

第六章 苹果的花果管理技术

第一节 苹果的花果特性

一、花的特性

苹果每个花序 5~8 朵,多为 5 朵,中心花先开,边花后开。以中心花质量最好,坐果稳,结果大,疏花疏果时应留中心花和中心果,多疏边花和边果。

二、果实的特性

果实质量以成熟前一个月增长最快。其中有 4 次落花落果时期:第一次是在终花期的落花;第二次是在落花后一周左右发生的前期落果;第三次为果实已经长到拇指指甲大小时发生的生理性落果,一般也称 6 月落果;第四次是在果实采收前发生的采前落果。

三、枝的结果习性

直立徒长枝很难成花,虽然 45°~75°枝条能成花,但是成花量很少,75°~90°(一般拉枝形成)枝条易出中短枝,易成花。

第二节 苹果的花果管理

花果管理是使苹果树丰产优产的关键,在管理过程中,应注意以下几点。

一、加强后期土肥水管理,提高花芽质量

苹果的花芽是在上一年的生长期内分化形成的,属于夏秋分化型,一般在 6~7 月开始花芽分化,果树上一年的生长发育状况就决定了第二年花芽的多少和质量。而坐果率的高低在很大程度上取决于花芽的质量。花芽的质量又取决于花芽形成过程中树体的营养水平。因此,要形成高质量的花芽,首先,前期要有良好的营养生长基础,新梢停长及时,树势缓和,有机营养积累充足。其次,秋季施足基肥,结合灌水,再辅以晚秋叶片喷施 0.3%~0.5% 尿素,延缓叶片衰老,延长叶片光合作用时间,提高树体储藏营养水平,最终形成个大、饱满、优质的花芽。

二、注重春夏秋修剪,改善树体通风透光条件

(一)春剪

春剪于萌芽后至花期前后进行,利用抹芽、疏枝、回缩、刻芽、环剥等措施完成修剪任务,幼龄果园还包括拉枝等整形修剪任务。

(二)夏剪

夏剪采用开张角度、摘心、扭梢、环剥、疏截、环割等技术,缓和树势,改善光照,扩大树冠。

(三)秋剪

秋剪通过拉枝,疏剪直立枝、徒长枝、密生枝和过密的外围新梢等措施,改善光照条件,促进花芽分化,提高树体的抗寒性。

光照良好有利于叶片进行光合作用,能产生大量的营养物质,强光还能使生长素、赤霉素类抑花物质钝化,从而促进脱落酸等促花物质产生。解决好树冠内的光照问题,是促进花芽分化的必要措施。具体措施如下:打开果树行间、树冠落头、及时处理内膛徒长枝、控制背上枝的高度、疏除过密枝和重叠枝等。维持果树中庸和中庸偏旺的生长势,防止树势过弱或过旺。对于生长势偏弱的果树应多施肥,同时控制结果量,恢复其生长势,集中养分促进花芽分化。对于生长势过旺的树,一方面可采用摘心、拉枝开角、甩放等方法缓和其生长势;另一方面对生

长旺盛的大树,一般在 5 月中下旬到 6 月上旬对主干进行环剥,抑制树体营养生长,促进花芽分化。

三、合理配置授粉树

多数苹果品种自花不结实或自花结实率很低,为了保证果品产量和质量,建园时应合理选择授粉品种。选择授粉品种应注意的问题如下:三倍体品种如'乔纳金'、'陆奥'和'北斗'等不能作授粉品种;芽变系品种与其原始品种不能相互作为授粉品种,如'红星'不能作为'元帅'及'元帅系'其他品种的授粉品种;如果主栽品种是三倍体品种,要同时配置两个能相互授粉的品种作为其授粉品种。

四、预防花期冻害

霜冻前地面灌水、喷水,调节近地面的气温,减缓树体的温度下降,延缓树体的物候进程,减轻霜冻危害。也可用作物秸秆、杂草碎叶、树枝锯末等作燃料,在上风头果园边堆积成熏烟堆,当气温下降至 2 ℃时点火熏烟,驱散果园的寒气,提高果园的温度。还可于早春对树冠涂白,减少对热量的吸收来预防冻害。

五、花期授粉,提高坐果率

目前,苹果主要采用蜜蜂传粉和人工授粉两种方法提高坐果率。

(一)蜜蜂传粉

苹果花是虫媒花,可利用蜜蜂或者壁蜂来传授花粉,平均每 5 亩果园,最少放一箱蜜蜂传粉,壁蜂则需放 500 只左右,在放蜂期间不能喷洒杀虫农药。用蜜蜂传授花粉省时省力、经济高效。如遭遇恶劣天气,蜜蜂便不出箱活动,难以保障授粉效果,这种情况下必须及时进行人工授粉。

(二)人工授粉

人工授粉主要分为三个环节:一是采花。采集花粉量大、与授粉品种亲和性好的大蕾期(气球期)的苹果花,将要开放但花药尚未开裂的花也可,取花量应视实际面积确定。满足每亩果园授粉通常需要采 2

kg 花。二是取粉。采花后应立即用手工或机械脱花药,在 20~25 ℃ 避光阴干的环境条件下,一般 1~2 天便可破药出粉。过筛和干燥后放入玻璃瓶中,在低温、避光、干燥条件下保存备用。三是授粉。生产中可人工点授、喷粉授粉和喷雾授粉三种方式配合使用。

人工点授以当天开放的花朵授粉效果最好,每个花序授 1~2 朵花,单朵花只授一次,但整株树应随花期进程反复授粉至少 2 遍。授粉常用工具有细毛笔、橡皮头和小棉花球等。为了提高授粉效果,可采用喷粉授粉方式,方法是把花粉加入 100 倍的淀粉或滑石粉等填充剂后,于盛花期用喷粉机进行授粉。也可采用液体授粉,配方为:水 10 kg、蔗糖 1 kg、硼砂 20 g、纯花粉 10 g,液体混匀后应在 1 小时内喷完。还可以在开花初期剪取授粉品种的花枝,插于盛满清水的水罐瓶中,每株成龄树可悬挂 2~3 瓶,每瓶中插花丛 5 个以上。注意往瓶内添水,以防花枝干枯。

六、疏花疏果,节省养分

果树花量过多,开花势必消耗大量营养。若疏去多余的花果,就能节省养分,减少养分竞争,不但不影响坐果,反而能提高坐果率。

疏除过多的果实,改善了留果的生长条件,有利于果个的增大、果实品质和商品价值的提高。因此,为了保持树势,争取高产、稳产、优质,及时而适宜的疏花疏果是极为必要的。

(一)疏花疏果的原则

(1)宜早不宜迟。疏果不如疏花,疏花不如破芽。可先疏花絮,再疏花朵,后疏果定果。

(2)克服惜花惜果观念。按树定产、按株定量、按量留花留果,切实按相关标准规程要求严格操作。

(3)坚持质量第一。必须做到准确细致,按先上后下、先内后外的顺序逐枝进行,切勿碰伤果台。注意保障下部多的叶片以及周围的果实,正确安排留果位置,保证果实健康生长。

(4)按市场需求。在疏花疏果中,考虑市场需求也是必不可少的环节。按照近几年来各个区域果品市场需求的不同,可合理对疏花疏果的力度进行调节,如果在疏花疏果时已确定销售去向,那么按其区域市场疏花疏果。

（二）疏花疏果要注意的问题

（1）看时间。一般以花蕾明显露出、花露顶端显红后较为适宜,疏蕾时注意保留叶片。直至花后30天内疏花、定果完毕。

（2）看气候。如当地历年常有晚霜、大风冷冻发生,则最好晚疏,待晚霜过后再根据受冻轻重确定。如无花期冻害地区,则可疏蕾。

（3）看花量。花量大要多疏,花量少要少疏、晚疏或者不疏。

（4）看树势。弱树早疏少留,强树迟疏多留。

（5）看品种。生理落果严重的品种,可在落花两周后疏幼果,而生理落果轻的品种应早疏。

（6）看花芽。弱小花芽、腋花芽、长果枝花芽和发育迟的花芽可多疏少留;壮花芽、顶花芽和短果枝花芽可适当少疏多留。

（7）看距离。一般小型果15～20 cm留一果,大型果20～30 cm留一果。单果留中心果,双果留对称果,做到全树分布均匀,且多留两三个果作为保险系数。

（8）看副梢。按果台副梢定果,即有一个果台副梢留单果,两个果台副梢留双果,没有果台副梢不留果(短果树除外)。

（9）看果枝。腋花芽果枝和斜生于骨干短枝轴上的果枝,果实畸形者较多,应适当疏除。

（10）看果实。长势健壮、肩部平展、自然下垂、花萼朝下的幼果,果实长成后一般果形端正,应注意多留。

（三）疏花疏果常用方法

（1）疏花芽。在冬剪调整花芽量的基础上,春季芽萌动后,做好花前复剪工作,调整花芽量,保持叶芽枝与花芽枝的比例为3:1,多余的细弱枝的花芽、高龄枝花芽和瘦弱的花芽全部疏除。

（2）疏花蕾。宜在花序伸长至分离期按果间距留果法隔20～25 cm留1个花序,但要注意保留花序下的叶片及果实的基础。

（3）疏花。在花朵开放时,一般从初花期到盛花期进行。疏边花,留中心花,疏掉晚开的花,留下早开的花,疏掉各级枝延长头上的花,保持多留出需要量的 30%。

（4）疏果。一般分两次进行，第一次在花后的 1 周，疏边果留中心果，疏小果留大果，疏扁圆果留长圆果，疏畸形果、病虫果，留好果。第二次在花后 4 周进行，在第一次疏果的基础上，根据确定的留果量以树定产留果。

疏花一般在花序伸出到盛花末期进行；疏果一般从谢花后 10 天开始到生理落果结束这一期间进行，选留中心果、单果、壮枝果、健康果。疏花疏果有人工疏除和化学疏除两种方法，由于人工疏除法具有选择性强、留果均匀等优势，目前生产上多采用人工疏除法。人工疏除主要有三种方法：一是按距离留果，根据果形大小按一定距离比例均匀留果，特大形果实间的距离为 25 ~ 30 cm，大型果实间的距离为 20 ~ 25 cm，中小型果实间的距离在 20 cm 以下；二是按果台副梢留果，果台副梢长的、双梢的可多留，短的、单梢的则少留，无果台副梢的不留果；三是按枝果比和叶果比进行疏果，大果型品种的叶果比为 50∶1 ~ 60∶1，小果型的叶果比为 30∶1 ~ 40∶1，短枝型品种的叶果比为 30∶1；矮化砧的叶果比以 30∶1 ~ 40∶1 最为合适。花期经常发生灾害性气候或气候不良的年份，疏花可适当推迟或留花余地大些，以保证合理的最终坐果率。

七、合理追肥

萌芽前追施萌芽肥，一般以尿素为主，每亩地 15 kg，可沟施、穴施，也可购买水溶肥用施肥枪注入，其中以施肥枪追肥省药、省工，效果最好；应在幼树新梢长到 10 cm 左右、花芽分化前进行追肥，此时以叶面追肥效果最好；应在果实膨大期、果实膨大后期追施磷酸二氢钾叶面肥，以利于果实增大和着色。

八、保证水分供应

凡有水源条件的果园必须浇足封冻、花前、幼果发育、果实膨大期等几次水，其他时节再根据天气和土壤墒情状况及时灌水，满足整个生长周期对水分的需求。特别是幼果发育期和果实膨大期，保障充足均衡的水分供应能够提高坐果率、增加果形指数、促进着色、防止果面皲裂和提高优质果率。

九、铺反光膜

在树盘上铺反光膜,利用反射光增加光照度,可促进内膛果实着色。

十、果园覆盖

利用秸秆、杂草等对果园进行地面覆盖,既可以减少水分蒸发,又可有效地增加土壤有机质含量、平衡土壤温度(冬季提高地温、夏季降低地温)、促进根系发育,减轻树干和果实日灼,是果树提质增效栽培的一项重要的技术措施。具体方法如下:春季将玉米、小麦等作物秸秆或在夏季刈割园边草、地埂荆条、蒿草等覆盖于树盘或行间,覆盖厚度15 cm,秋季结合开沟施基肥翻入地下。

十一、搭建防雹网

通过搭建防雹网,达到减除雹灾危害的目的,以减少果园的损失。同时,搭建防雹网还具有调节果园微生态的作用,具体包括:有效提高苹果园内空气的相对湿度,防止相对湿度的大幅度变化;明显降低苹果园的温度,可避免苹果果面日灼现象的发生,提高苹果的产量和质量;减缓苹果园内昼夜温度的变化速率,促进土壤中水汽的上下移动,提高果树根系的吸收能力和吸收速度;减少地面蒸发,提高果树对土壤水分的利用率。以上措施可显著提高苹果产量与单果质量。

十二、套袋摘袋

(一)果袋要选择好

应选耐拉力强、抗老化、专业厂家生产的果袋,最好用乳白色袋。但'红富士'苹果应选用外袋为外灰里黑、内袋为半透明红色石蜡纸的双层果袋。套袋时,袋下方的两个排水孔一定要捅开。

（二）套袋时间要掌握好

一般在定果结束并喷过杀菌药剂后进行,在 5 月底前套完为好,此时套袋能明显促进果实膨大,增重显著。通常从早晨露水干后到傍晚均可,但中午须避开阳光直射的部位。

（三）套袋前用药要选好

花后 15 天,果实茸毛脱落,皮孔显露,轮纹、炭疽烂果病菌遇阴雨天极易侵入潜伏。宜用大生 800 倍液或甲基托布津 800 倍液等杀菌剂均匀喷洒,然后,及时套袋,8 ~ 10 天如未套完,应再喷一遍药后,继续套袋。

（四）选壮树、旺树套袋

选择壮旺树套袋成功率较高,一般不会出现日灼。应根据新梢生长量及生产实践判定树势,过弱的树、生长不良的中间砧树不宜套袋。

（五）选用正确的套袋方法

在搞好喷药的基础上,按照先冠内、后冠下、再冠外的顺序套袋。套时,把袋吹开,把袋下方的排水孔捅开,将果套入袋内,袋口在果柄处折皱在一起,用 3 cm 长的 24 号细铁丝对折,扣在果柄上即可,或用蔬菜嫁接夹把袋口夹在果柄上,树冠上部阳光直射处果实可套纸袋。套袋时,要注意把袋下方的排水孔捅开,使果实位于果袋正中央,以防日烧,另外,还要注意封扎严密,防止雨水入袋。

（六）搞好疏枝、摘叶,促进果实上色

套塑料薄膜袋果实着色鲜艳,但着色率不如双层纸袋好,生长季应搞好夏剪,疏掉挡光的无用枝。9 月 20 日以后,对冠内、冠下不见光的果,可分批逐步摘去部分叶片,使其透光,促进上色。

（七）适时摘袋采摘

摘袋时间一般在果实采收前 15 ~ 20 天,最好在阴天或多云天气进行。晴天摘袋避开中午,最好上午摘树冠东、北部果袋,下午摘树冠西、南部果袋。摘袋方法:摘袋时,先将纸袋下边撕开,呈喇叭口状,3 ~ 5 天后再全部摘掉。双层纸袋要先除去外层纸袋,待 3 ~ 5 天后再摘掉内层纸袋。对于内膛不见直射光的果实,单层、双层纸袋都可一次性摘除。

套袋果一般较未套袋果早熟 7~10 天,在生产上应注意掌握采摘期,采摘过晚,果实硬度进一步降低且果面会出现轻微裂口,影响商品价值。

(八)套袋果采后要保存好

套塑料薄膜袋保存果实,有不皱、不烂、保鲜的特点,宜将带袋果放在纸箱内保存。如放在聚乙烯塑料保鲜袋内,千万不能扎口,宜敞口保存,否则果实易发生二氧化碳中毒,果肉褐变,失去食用价值。

十三、摘叶转果

果实色泽是决定苹果价格的重要指标,摘叶转果正是为了增加果实的受光量,增加着色。摘叶一般在 9 月底和采摘前 10 天分 2 次进行,第 1 次需要摘除贴果叶片和果台枝基部叶片,适当摘除果实周围 5 cm 范围内枝梢基部的遮光叶片;第 2 次则需要摘除部分中长枝下部叶片。摘叶量一般控制在总叶量的 14% ~30%。转果一般在除袋 7~10 天后进行,就是不断将果实背阴面转向阳面,促使果实充分着色,提高全红果率。

十四、采摘保存

同一树上不同部位的果实成熟期不一致,提倡分批采收,减少损失,一般先采外围果,再采内膛果,最后采树下果。采摘时,应采用内衬蒲包、旧布等柔软铺垫物的篮、筐,轻采、轻放,避免碰伤和指甲刺伤果实。从篮到筐或从筐到箱转移苹果时要逐个拾、拿,禁止倾倒。可用塑膜袋保存苹果,有不皱、不烂、保鲜的特点,但注意敞口保存,装箱时应注意将苹果果梗朝下挨实平放,直线排列。装满一层,就在上面放置一层垫板,装满整箱后盖上垫物,盖严封牢。

十五、病害治理

要注意根据季节和生长周期等具体条件来治理苹果高发、频发的病虫害。根据季节来治理,如苹果腐烂病在春秋季节发病率高,因为在气温低于 17 ℃时容易发病,气温高于 17 ℃时就不容易发病。治理上要以防为主,防治结合,发芽之前喷 3 ~ 5 波美度石硫合剂,用刀刮发病部位树皮,深达木质部,加适量豆油,涂抹甲基托布津杀菌剂等方法均可起到明显效果。近几年,早期落叶病严重影响苹果生产,是苹果优质高产的主要"瓶颈"。早期落叶病的防治关键时期是在套袋后 2 个月(6 ~ 7 月),波尔多液是防治该病的"灵丹妙药"。

另外,也可根据花果管理的实际来治理,如在套袋前喷 1 次 70% 甲基托布津杀菌,在套袋后视果园病虫害情况每隔 10 天喷 1 次波尔多液,连喷 2 次。除袋后立即喷 1 次 300 倍的菌毒清,防止果实发生病害。

第三节　苹果的大小年管理

在果树种植中,一般当某一年产量占其相邻一年产量的 30% 以下时,即发生了真正的大小年结果。当小年产量占大年产量的 80% 以上时,为轻度大小年结果;当小年产量占大年产量的 50% ~ 80% 时,为中度的大小年结果;当小年产量占大年产量的 30% 以下时,为严重的大小年结果。苹果大小年现象有许多害处:果实小,优果率低,果实品质差。由于大年大量结果后,树体营养消耗殆尽,在生长过程中抗寒、抗旱、抗病能力变弱,导致树体早衰,腐烂病严重,造成树体残缺,缩短树体寿命,甚至死亡。因此,克服大小年结果是盛果期苹果园当前必须认真对待并加以解决的突出问题。

一、大年管理

苹果树大年的主要特点是花果过多,影响花芽分化,造成下年结果减少。因此,大年树的管理目标是调整果树结果量,做到大年不大,并促进形成足量花芽,提高下年产量,具体措施如下所述。

(一)加强肥水管理

萌芽前追施氮肥为主的速效性肥料,以促进萌芽和新梢生长,增加树体营养;花芽分化期、果实膨大期追施磷、钾肥,可促进花芽分化、果实膨大,并提高果实品质;采果后早施、重施有机肥,并适量配施磷肥和少量氮肥,以增加树体营养积累。

（二）重剪结果枝

轻剪多留营养枝,大年花多应进行细致修剪,除去过多花芽,使其生长与结果达到平衡。营养枝轻剪,少疏多留,增加营养面积;中、短营养枝缓放,以增加当年花量。通过冬季修剪,把花芽、叶芽比例据树体营养水平调到1∶2至1∶3为宜。

（三）严格疏花疏果

花后及时疏花、疏果、定果。

（四）病虫害与自然灾害防治

大年有时也会由于不良气候及病虫害造成大幅度减产,不仅影响当年产量,而且会在以后出现幅度更大的大小年结果现象。因此,大年也要做好病虫害及灾害防治和保花保果工作,确保丰产丰收、优质高效。

二、小年管理

小年苹果树花少,应尽量保住花果,使小年不小,并使当年不致形成过量花芽,防止下年出现大年,具体措施如下所述。

（一）加强前期肥水管理

小年苹果树必须注意加强春季萌芽期及花期的水肥管理,使树体早发,健壮生长。这不仅可以增加前期营养并提高坐果率,还会由于新梢生长健旺,相对减少花芽形成量,避免下年出现过大的大年。

（二）轻剪结果枝,重剪营养枝

为了尽量保存花芽结果,提高当年产量,冬剪时避免去大枝过多,以免带去花芽。其余花芽全部保留,营养枝重短截。防止形成过多的花芽,以调节大小年。

（三）做好保花保果工作

小年树花量少,应采取花期放蜂、人工辅助授粉、花期喷硼砂等多种措施,尽量保住花果,提高当年产量。

（四）抓紧病虫害及灾害防治

小年树更应做好病虫害及自然灾害的防治,特别是大年后,树体虚弱,苹果树腐烂病时常发生,除大年秋冬应重视检查防治外,小年春季还要紧抓时机及时检查刮治。

第七章　苹果土肥水管理技术

第一节　根系的重要性

　　根系是支持、固定树体,并从土壤中吸收水分和矿质养分,输送到地上部分的器官。根系还是树体一个重要的营养储藏器官,储藏营养为第二年春季各器官的生长发育提供了物质基础,并且在营养竞争供需矛盾中起缓冲作用。此外,根系还能将其吸收的矿质营养与地上部分运来的光合产物结合,合成各种氨基酸、核蛋白等有机物质。细胞分裂素类物质也是在新根的根尖产生的,对地上部分的生长发育起到了重要的调节作用,比如,叶片的形成与衰老、叶绿素的合成、花芽分化等。因此,根系被称为果树的"大脑"。

一、土壤的透气性

　　根系的生长和发挥功能需要呼吸作用来提供能量。当土壤空气中氧气的浓度达到15%以上时,新根可以发生;当土壤空气中氧气的浓度达到10%以上时,根系生长正常;当土壤空气中氧气的浓度达到5%左右时,根系生长迟缓,当土壤空气中氧气的浓度达到2%~3%时,根系则停止生长。要保证根系对氧的需求,需要土壤有较大的孔隙度。土壤的团粒结构影响土壤的透气性,不同的土壤类型,土壤的根系形状、分布、生根量不同。黏土地根系分布浅,分根少,密度小。在生产中,除了总体改良土壤黏性,还可以通过埋草、穴施有机肥等措施,创造透气性良好的局部区域。

二、土壤含水量

　　最适合根系生长的土壤含水量是田间持水量的60%~80%。而且越接近80%,生长根越多,地上部分越容易旺长;越接近60%,吸收根越多,则常与地上部分成花有相关作用。因此,可以通过控水来控制根的类型及树体长势。

当土壤干旱缺水时,叶片可以从根中夺取水分。根系生长受损在地上部分萎蔫之前,当叶子萎蔫时,不仅根系早已停止生长和吸收,而且已经开始死亡。合理保水灌水,保证适宜的土壤含水量对养根至关重要。水分过多,也存在很多的坏处。一是水分过多,恶化土壤氧气状况,影响了根的呼吸,严重时根系窒息引起地上部分叶片发黄脱落;二是土壤中有效养分随水淋失。

三、土壤的温度

苹果根系正常生长和吸收需要的最适宜温度为 14~25 ℃。影响苹果根系的温度条件主要是早春地温低、上升慢,夏季地温过高和冬季冻土层过深,特别是表土层,一年中温度变化幅度过大。因此,需要地膜覆盖提高早春地温、夏季覆草遮阴降温和冬季保温。

四、土壤的养分

土壤的养分对根系的形状、分布范围和密度影响很大。肥沃的土壤根系密度比较大,分布范围较小,根系比较集中。增施有机肥,提高土壤有机质含量,对于促进根系生长效果十分明显,施肥处根系密度明显大而且新根较多。各种矿质元素对新根的发生也有影响。当土壤严重缺氮时,吸收根细短、干枯,但是氮过多,生长根比例增大,易引起旺长,而磷钾肥有利于根系的分支,增加了吸收根的比例。此外,硼、锌、钙等中微量元素对新根的生长也有影响。

五、土壤的 pH

苹果最适宜的 pH 为 5.5~6.7。土壤的 pH 不仅会影响果树的生长发育,而且与土壤中多种营养元素的有效性相联系。在酸性土壤中,磷容易被土壤固定,难以被果树吸收,钾、钙、镁因淋失量多而造成缺素症;在碱性土壤中,磷、铁、硼、锰等元素的有效性降低,也会出现缺素症。

第二节　苹果的营养特点

一、苹果的树体营养特点

苹果树的生长、发育和果实的形成,需要有机物质和矿质营养元素等两类营养物质。在有机营养物质中,最主要的是碳水化合物和蛋白质两大类。有机营养物质,是通过光合作用及树体内一系列的生理、生化过程形成的。碳水化合物在树体的代谢过程中,起到中心的作用,各种合成途径都与糖分有关。在代谢中起重要作用的碳水化合物,主要有单糖、双糖以及多糖类等,它们既是呼吸代谢最重要的底物和生命活动中最重要的能量来源,又是转化、合成其他营养物质的原料。

矿质营养物质中,既包括氮、磷、钾等大量元素,又包括钙、镁、硫、硼、锌、锰、铜等中微量元素。苹果树体中矿质元素的总含量,一般不足干物质的1%,总含量虽少,但在苹果树的生命活动和生长结果中起着重要和多方面的作用。

苹果在年周期发育过程中,存在以利用树体储藏养分为主和以利用当年同化养分为主两个时期。

(一)储藏养分期

苹果树越冬期间,树体储藏养分中的碳水化合物主要以淀粉等多糖形式存在,在越冬的前期,碳水化合物以蔗糖和葡萄糖等形式存在,在越冬的后期,可溶性碳水化合物比例下降,淀粉等不溶性成分的含量增高。碳水化合物在树体内的分布,一般根系中的含量比枝干中要多,皮层中的含量多于木质部。春季萌动前,淀粉开始由储藏部位向叶芽、花芽中运输,供芽膨大需要,随着展叶、抽枝、开花、坐果的进行,储藏的碳水化合物从枝干中运输至发育器官,随之树体中储藏碳水化合物含量降低。

苹果树体内储藏的氮化物,枝干中的含量比根系多,低龄枝条中的含量高于多年生枝干,皮层高于木质部的含量。春季随着树体各器官的生长发育,树体中储藏的氮化物被水解、运出,枝干中的含量随之降低,枝条中木质部的氮化物主要供应附近叶片、花和幼果发育。

(二)同化养分期

春季苹果树展叶后,即开始制造同化养分。当年同化养分成为营养来源的时期,是在春梢迅速生长结束后开始的。不同类型树体开始的时期不同,如短枝型苹果品种或矮化砧树体开始较早,而普通型品种或者乔化砧树体开始较晚。该时期整个树体营养水平的高低,与叶面积的增长速度、大小及叶片的光合强度有密切的联系。树体局部和不同器官的营养状况,主要受生长中心、物质分配规律、生态环境条件和栽培管理水平等内外因素的影响和制约。该时期施肥至关重要,若通过施肥有效地改善这一时期树体的营养状况,就需要了解和掌握主要矿质营养元素的吸收、运输和分配规律。

氮素肥料是土壤中最匮乏,也是施用量最大的肥料种类之一。树体氮素营养充足则叶片浓绿肥厚,光合效能高,制造的碳水化合物也多,同时氮素营养也是构成树体结构物质的必需元素,因此树体生长健壮,成形比较快。苹果幼树期,应该特别注意氮肥的合理施用,以加速树体生长,为成花结果打好基础。但是氮素过多则造成树体徒长,营养生长过旺,组织不充实,成花结果晚,抗寒力下降。在果树生长周期中,前期为"器官建造期",果树的萌芽、展叶、开花、坐果、抽枝均需要大量的氮素营养,与树体内的碳水化合物形成蛋白质,进而形成各类树体器官,因此果树生长前期的"器官建造期"是果树的"氮素营养临界期",是果树的"蛋白质营养阶段"。此期缺氮会严重削弱树体生长,造成大量落花落果。果树各类器官建成之后,叶片光合效能开始升高,制造大量的碳水化合物以充实各类器官,是树体的"碳素营养临界期",此期应该减少氮素肥料的施用量,多施磷肥、钾肥,尤其在果实着色期,以利于组织充实和果实品质的提高。苹果树采果以后,光合效能急剧下降,应适当补充氮素肥料,迅速恢复叶功能,进一步充实花芽,提高树体储藏营养水平,同时施入土壤中的氮素也可直接作为储藏营养储存在果树的根、枝、干中,以备来年生长之所需。因此,氮素肥料的施用关键时期是在果树生长发育前期的"器官建造期",做到"前促后控"。氮素与叶片的光合作用关系密切,氮不足,则叶片光合能力下降,树体的生长、开花结果就会受到严重影响。应该特别重视氮肥的施用,做到"看碳施氮",即树体衰弱时应多施用氮肥,树体生长过旺,则减少氮素化肥的用量,最后达到"以氮增碳"的目的。

(三)营养转换期

苹果树在发育的过程中,存在两个营养转换时期。第一个营养转换期,是从以利用树体储藏养分为主,向以利用当年同化养分为主的过渡期,即在新梢开始生长后 6 周的时期。在这一时期中,树体营养特点是树体中的储藏养分,由春季树体生长发育的消耗,养分逐渐减少,展叶早且完成发育的叶片,已能制造和积累一定的光合产物,如果这一转换期开始晚且结束早,说明树体储藏养分充足,当年叶片同化营养物质优势强,两个营养时期衔接好;反之,衔接差。因此,这一时期过渡、转换不良的树体,抓紧在营养转换期中叶面喷施氮肥,可以起到良好的效果。第二个营养转换期,即在叶片中的同化养分,回流至枝干、根系中储藏起来的时期,即在落叶前 1 个月至落叶结束。这一时期的树体营养特点是营养物质以积累为主,向枝干和根系等储藏器官的转运量大,全树有较高的碳氮比。这一时期的管理应加强叶片保护,延长叶片的光合作用时间;适期采收,减少同化养分的过多消耗;采后施氮。

二、苹果的果实营养特点

为生产优质苹果,施肥不仅要考虑对苹果树体的作用,还要考虑果实的营养器官需要,并且要使这些营养以适宜的量和比例积累在果实中。果实内矿质元素组成中,大量元素以钾含量最高,其次为氮,二者占大量元素总量的87%;中微量元素中,以铁含量最高,约占中微量元素的70%。矿质元素的作用特点是不同矿质元素对果实中营养成分的影响不同,如锌、氮、锰对果肉的硬度影响最大,色泽以钾、锌、磷为主,总酸含量以铝、锌、铁为主,总糖含量以氮、锌、镁为主。

在果实生长过程中有以下几种重要的中微量元素。

(一)苹果的矿质营养——钙

1.需钙量的时期分布

钙对于苹果品质的影响远比镁、铁、氮、磷都重要。钙对于防止苹果腐烂、保持果实硬度和减少乙烯释放都是最有效的阳离子,在土壤中,钙不但使植物保持一定的阴阳离子比例,还能对离子拮抗起调节作用。

2. 钙的存在形式

土壤中的钙主要以两价阳离子的形态吸附在交换位上,以螯合态和不溶性磷酸盐、硫酸盐以及硅酸盐形式存在的量较少。

3. 缺钙的症状

(1)幼根缺钙。根尖生长停滞或枯死,在近根尖处生出许多新根,形成粗短且多分枝的根群,是缺钙的典型特征。

(2)新梢缺钙。生长 6～30 cm 以上时,顶部幼叶边缘或近中脉处出现淡绿或棕黄色的褪绿斑,经 2～3 天变成棕褐色或绿褐色焦枯状,有时叶和焦边向下卷曲。此症可逐渐向下部叶片扩展。

4. 苹果缺钙的症状

果实缺钙:苹果缺钙会导致苦痘病、水心病和痘斑病。

苦痘病在果实近成熟时开始出现,储藏期继续发展。病部果皮下的果肉先发生病变,而后果皮出现以皮孔为中心的圆形斑点,这种斑点,在绿色或黄色品种上呈浓绿色,在红色品种上则呈暗红色,而且病斑稍凹陷。后期病的部位果肉干缩,表皮坏死,有苦味。

另外两种病主要在储藏期发生,水心病是从中心开始腐烂,痘斑病是先从表面出现小斑点,继而在储运时因受到果腐菌类侵染而腐烂。

5. 补钙的方法

果实缺钙是由吸收障碍引起的,根吸收钙主要受根系本身及其周围环境的影响。对土壤施用钙肥效果甚微,甚至无效,苹果组织中的钙通过共质体运输,只有把钙直接施在苹果幼果表面,才能被果实有效吸收。

苹果花后 3～6 周到 7 月上旬,果实所需要的钙 90% 已进入幼果,对苹果补钙应在此期进行。花后 3 周开始连喷螯合态水溶蛋白钙 3～4 次,间隔 7～10 天,果实采前 8～10 周,亦应补螯合态水溶蛋白钙 1～2 次,因为随着果实的膨大,钙的相对浓度降低。套袋园在套袋前必须重点多补几次钙,卸袋后喷螯合态水溶蛋白钙 1～2 次,可以显著增加苹果单果重和总糖含量,改善果实的品质。此外,硼可以促进钙的吸收利用,可以采用钙硼合剂进行补钙。

(二)苹果的矿质营养——硫

1.硫的作用

硫可促进氮素代谢,参与蛋白质、酶和叶绿素的合成,并对淀粉合成有影响。能够显著增加苹果的单果重,但对品质影响不大。

2.缺硫症状

先从幼叶上失绿变黄,在叶肉还保持绿色时,叶脉已变黄,这是缺硫的主要特征。严重缺硫时,从叶基发生红棕色的枯死斑。

(三)苹果的矿质营养——镁

1.需镁量时期分布

苹果对镁的反应不明显。春季生长初期,发生缺镁的可能性不大。多发生在5月后生长中后期。宜6~7月喷施补充。沙质土及酸性土壤镁易流失,果树易发生缺镁症。钾、氮、磷过多,阻碍了对镁的吸收,可引起缺镁症。

2.缺镁症状

(1)叶片症状。枝梢基部成熟叶的叶脉间出现淡绿色斑点,并扩展到叶片边缘,后变为褐色,同时叶卷缩,易脱落。

(2)枝条症状。新梢及嫩枝比较细长,易弯曲。

(3)果实症状。果实不能正常成熟,果小,着色差。

(四)苹果的矿质营养——铁

1.铁的作用

铁可提高叶绿素含量,提高光合效率,增加同化产物积累,防止叶片黄化,增甜增色,促进膨果,是确保产量和品质的重要因素之一。

2.发生条件

缺铁在富含钙的石灰性土壤,碳酸盐过多或土壤板结、通气不良的果园发生尤为严重。在碱性条件下,因铁元素难以吸收,发病率高;在雨水较充足的条件下,偏施氮肥,造成新梢生长过旺,铁元素吸收不足,也会表现出缺铁失绿症。果树生长盛期,遇干旱时,缺铁症严重。对于苹果树体的生长发育和果品的产量、质量均有不同程度的影响。

3. 缺铁症状

作物缺铁易得黄叶病。新梢顶端的幼嫩叶变黄绿,再变黄白色,叶脉仍为绿色,呈绿色网纹状。全叶白,从叶缘开始出现枯褐色斑。严重时,新梢顶端枯死,呈枯梢现象。

(五)苹果的矿质营养——锰

1. 锰的作用

锰直接参与光合作用,促进氮素代谢,促进硝态氮还原,减少硝酸盐、亚硝酸盐积累,利于氨基酸和蛋白质的合成;可促进光合作用,增加果实含糖量及维生素 C 的含量。

2. 发生条件

(1)土壤为碱性时,锰成不溶解态,易表现缺锰。

(2)土壤为酸性时,锰易流失,也易缺锰。

(3)春季干旱,易发生缺锰症。

3. 缺锰症状

多从新梢中部叶片开始失绿,从叶缘向叶脉间扩展,同时向上部叶和下部叶两个方向扩展。除主脉和中脉仍为绿色外,叶片大部分变黄。

(六)苹果的矿质营养——铜

1. 铜的作用

铜参与叶绿素的合成,是氧化酶的成分、酶的活化剂,参与光合作用,稳定叶绿素,参与氮素代谢,利于蛋白质的合成,促进共生固氮作用,诱导根系对锌的吸收。

2. 缺铜症状

新梢顶端叶片的叶尖先失绿变黄,叶片出现褐色斑点,扩大后变成深褐色,引起落叶。新生枝条顶端 10 ~ 30 cm 枯死,第二年春从枯死处下部的芽开始生长,由于几次枯顶,最后形成丛生的细枝。喷波尔多液(含硫酸铜)药剂的果园,很少发生缺铜症。

(七)苹果的矿质营养——锌

1. 锌的作用

参与生长素(吲哚乙酸)代谢,促进枝梢伸长和果实生长。

2.发生条件

（1）沙地、盐碱地及瘠薄的山坡地果园,缺锌较为普遍。

（2）果树重茬或苗圃重茬,伤口多,修剪过重,易引起缺锌症。

（3）土壤含磷量较高,偏施氮肥时,或土壤干旱,缺乏有机质,微量元素不平衡等均可引起缺锌症。

3.缺锌症状

（1）叶片症状。最典型的症状是小叶病,即春季新梢顶端生长一些狭小而硬、叶呈黄绿色的簇生叶,而新梢其他部位较长时间没有叶片生出,或中下部叶叶尖和叶缘变褐焦枯,从下而上早落,形成"光腿"现象。也有从顶端下部另发新枝,但仍表现为节间短、叶细小。

（2）花芽症状。花芽减少,花朵少而色淡,不易坐果。

（3）根部症状。老树根系有腐烂,树冠稀疏不能扩展,产量很低。

（八）苹果的矿质营养——硼

1.硼的作用

硼可显著提高坐果率和单位面积产量;提高叶片的光合速率,促进光合产物的输导与合理分配,使树体营养更均衡;显著改善果型指数和果实品质。充足合理的硼素供应,能够改善果实品质,果大皮薄,汁多渣少,糖分高,口感好。

2.发生条件

（1）土壤瘠薄的山地丘陵果园、河滩沙地,硼易流失。

（2）早春干旱时,易发生缺硼症。

（3）石灰质较多时,土壤中的硼易被钙固定。

（4）过多的钾、氮,也影响对硼的吸收利用。

3.缺硼症状

（1）植株最顶端的生长点停止生长发育,生长点附近的叶片萎缩,叶尖或叶缘逐渐枯死。

（2）新梢顶部皮层产生坏死斑,逐渐扩大,形成枯梢。枝梢生长停滞,节间很短,在节上生出许多小而厚的叶片,形成簇叶。

（3）树枝下部可长出许多细枝,形成丛枝。

（4）花器发育不好,花粉管生长慢,未受精而早落,表现为坐果少。

(5)果实生长期,形成畸形果、缩果、果面凹凸不平,果实外部和内部组织木栓化。果实症状可分为干斑型、木栓型、锈斑型。

第三节　苹果的需肥特点与科学施肥

一、苹果根系的活动特点

苹果树主要靠根系吸收养分,一年中根系活动有明显的生长高峰期:第一次生长高峰期在3月中旬至6月下旬,随着新梢加速生长而逐渐停止;第二次生长高峰期在8月份,是全年根系活动最旺盛的时期,随着果实的迅速膨大、秋梢生长、花芽分化和地上部分消耗养分增多,根系生长速度逐渐下降;第三次生长高峰期在9~11月,果实基本采收,树体同化物质大量回流,根系吸收又增加,开始第三次生长高峰期,此期持续时间较长,但生长势较弱。

二、苹果不同时期需肥特点和施肥方法

苹果在生长的各个时期生长特点不同,需肥量也不同。苹果从萌芽到果实成熟共经历初花期、花芽分化期、谢花后至幼果期、秋梢期—果实膨大期等,不同时期需肥的特点和施肥方法如下所述。

苹果稳定产树施肥,氮、磷、钾的比例分别为1:2:1;如果土壤肥力低,可增加氮肥量,其比例分别为2:2:1。一般每生产50 kg苹果需纯氮0.17 kg、纯磷0.055 kg、纯钾0.11 kg。以氮利用率为50%、磷为30%、钾为40%为准,每生产50 kg苹果,需施用纯氮0.35 kg、纯磷0.18 kg、纯钾0.275 kg,具体的量根据当地的肥料利用率进行调整。

(一)萌芽至初花期

1. 需肥特点

(1)土温低,根系功能差,养分供应不足;

(2)氮素集中消耗期,即萌动、开花、展叶、抽枝等一系列器官发育集中时期;

(3)花期开花、授粉过程对硼、氮要求较高;

(4)采取促根措施,促使根系发育。

2.施肥方法

在初花期,苹果需要萌芽前追肥,促使授粉、提高坐果率和改善果型;促进枝叶建造,提高叶果比,维持营养生长和生殖生长平衡;提高叶片质量,增强同化功能;防治小叶病等生理性病害。开花时,树体对硼素和氮素的要求较高。花序分离期、初花期分别喷施硼砂 1 000 倍和 0.3% 尿素水溶液,促使花粉萌发、花粉管迅速伸长,促进授粉,提高坐果率。

(二)谢花后至幼果期

1.需肥特点

(1)幼果阶段对钙吸收最好、利用率最高;

(2)防治苦痘病、小叶病、黄叶病等缺素症;

(3)满足幼果阶段大、中、微量元素供应,促使幼果细胞加速分裂。

2.施肥方法

主要以补充钙元素为主,可以补充螯合钙制剂,容易吸收利用。

(三)套袋前后

1.施肥要点

(1)继续补钙;

(2)幼果发育阶段,修复、保护果面;

(3)促进花芽分化、抑制新梢旺长,协调营养生长和生殖生长的关系;

(4)促进果实发育和花芽分化;

(5)开始进入根系生长高峰期,促进根系发育。

2.施肥方法

盛果期果园按照 N、P_2O_5、K_2O 比例施入全年肥量的 15%,同时配合施入微量元素及微生物肥。

(四)新梢停止生长至花芽分化期

1.施肥特点

花芽分化需要较多的磷素。

2. 施肥方法

叶面喷施磷酸二氢钾 800～1 000 倍,间隔 7～10 天使用 1 次,促进花芽分化,使春梢组织充实,花芽饱满,提高来年花朵质量,提高授粉率,促进挂果,可有效控制大小年。

(五)秋梢期—果实膨大期

1. 施肥时间

(1)生长旺盛阶段,黄叶病、小叶病及微量元素缺素症高发期;

(2)果实进入膨大期,进入磷、钾需肥高峰期;

(3)花芽分化、根系发育高峰期。

2. 施肥方法

根据果实的生长情况,施用高氮、高钾肥。

(六)摘袋前后

1. 施肥要点

根系第三次高峰即将开始;果实着色(果实可溶性固形物积累转化阶段),施用磷钾肥。

2. 施肥方法

(1)结合病虫害防治,叶面喷施磷酸二氢钾 800～1 000 倍液,间隔 20 天一次,连续喷施 2～3 次;

(2)摘袋后,根据叶片和果实生长情况喷施一次微肥。

(七)采果后追肥

1. 施肥要点

(1)增加肥水供应,促使树体尽快恢复树势;

(2)根系第三次生长高峰期,条件允许立即施入基肥;

(3)光合作用积累高峰期,保障叶面养分供应。

2. 施肥建议

在采果后、落叶前进行,越早越好。以农家肥为主,依据产量施入全年所需的有机肥,配施全年所需 55%～65% 的化肥。

第四节　苹果的灌水与排水

一、果园灌水量

苹果树的需水量(每生产 1 g 干物质需要的水量)大致为 300 ~ 400 mL,若每亩生产苹果 2 000 kg,则需水 600 ~ 800 t。正确进行果园水分管理,满足果树正常生长发育的需要,是实现我国果树丰产、优质的最根本保证。

关于树体营养生长与水分供应之间的关系如下所述。第一,树体地上部分的营养生长受水分供应水平的制约,但树体营养生长总量并不和树体水分状态或土壤水分营养供应水平呈完全的直线正相关关系,通常情况下,只有当土壤水分可利用性降低到一定的水平之下时,树体的营养生长才会受到影响;第二,不同器官的生长发育对水分胁迫反应的敏感程度有差异,即使在同等水分胁迫条件下,其生长受到的抑制程度也有差别。一般来讲,不同器官的生长发育对水分胁迫反应的敏感程度由强到弱的顺序如下:茎干的加粗生长、叶原基的发生 > 枝条的延长生长 > 叶面积的扩展。

苹果树年生长周期中各物候期对水分的需求有差异。灌水时期应根据果树对水分的需要量、当时的气候条件和土壤含水量决定。从气象条件对苹果生长发育的影响看,生长前期温度的影响较明显;从开花到成熟期,则水分的影响较大。苹果在不同生长阶段灌水的作用如下。

(一)萌芽至开花期

此期可以加速新梢生长,扩大叶面面积,增强光合作用,促使正常开花坐果,同时可减轻倒春寒和晚霜危害。在春旱地区,此期灌水尤为重要。

(二)新稍生长和幼果膨大期

此期一般在 5 ~ 6 月灌水,具体时间可在落花后半个月灌一次,间隔 2 ~ 3 周再灌一次。这一时期正值新梢迅速生长,叶面积大量形成,是果树需水临界期。如水分不足,则叶片与幼果争夺水分,幼果所需水分不足,往往造成落果。

(三)果实迅速膨大期

此期适量灌水,可增大果个和提高产量,还有利于促进花芽分化,为翌年丰产创造条件。但采前水分过多,会降低果实的品质及储藏能力,还会引起裂果。

(四)采果后入冬前

此期灌水一般在11月上中旬(土壤封冻前)进行,其作用是促进根系生长,以增强对肥料的吸收和利用能力,增加树体的营养储藏,提高树体的抗冻能力,并为土壤储备充足的水分,待翌年春季利用。此外,北方对灌溉封冻水十分重视,灌水量充足,对消灭越冬害虫有一定的作用。

二、果园灌水方法

(一)采用沟灌或行间灌溉

传统的果园灌溉方式为大水漫灌,这一陋习必须坚决取缔,决不能再使用。大水漫灌具有很多弊端,我国著名的果树专家魏钦平教授做过一个有趣的试验:将一棵树栽在花盆里,分为四个灌水区,每次只浇四分之一,果树营养生长较弱,容易成花,而每次浇四分之四,生长量大,枝叶茂盛,却难以成花。这说明,果树进行适当的、有控制的浇水,方能达到理想的效果。调查结果表明,大水漫灌易引起果树表层吸收根死亡、破坏土壤的团粒结构,造成土壤板结,会使地温升高减慢,影响根系生长,推迟苹果的成熟时间,容易传播腐烂病,引起果树旺长,难以成花,造成水分和养分浪费等。

(二)积极地使用滴灌技术

我国水资源缺乏,豫西地区缺水状况更为严重。因此,推广滴灌技术更为迫切。果树滴水灌溉技术对果树的生长、增产以及果农的经济效益发挥着重要的作用。它不受时间和地域的局限,具有超长的、节约水源的优点,同时也具有使果树根部土壤达到含水率最优化、灌溉均匀等特点。果树滴灌技术在省时省力的同时,也节约了有效的劳动资源,为果树作业提供了无限的便利。在促进果树良好生长的同时,果树滴灌技术对土壤的土质保护有着积极的作用。稳定的土壤湿度促进了土壤中微生物的活动与繁殖,增加了土壤中养分的作用,使原有的土质得到改善。

(三)有条件地推广果园微喷技术

果园微喷技术是当前国际上流行的一种先进的节水灌溉方式,能改善果树的生长环境。它的优点是节水效益显著,与漫灌相比,可节水75%以上;还能改善小气候,使果品质量有所提高;再就是节能,即可以将灌溉与施肥同步进行,防止土肥流失。微喷能节水,是因为它不是利用渠道,而是利用地下管网输水,既不占地,又可最大限度地避免水的渗漏损失,另外喷头安装在地表以上20 cm左右,直接将水均匀地洒在所需部位,根部很快吸收,几乎是滴水不浪费,能改善果树的生长环境。

(四)因地制宜地推广穴储肥水技术

穴储肥水简单易行,投资少,收效大,具有节肥、节水的特点,一般可节肥30%、节水70%~90%。在土层较薄、无浇灌条件的山丘地应用,效果尤为显著,是干旱果园重要的抗旱、保水技术。一般在花后(5月上中旬)、新梢停长期(6月中旬)和采果后三个时期,每穴追施50~100 g尿素或复合肥,方法是:将肥料放于草把顶端,随即浇水3.5 kg左右。进入雨季,即可将地膜撤除,使穴内储存雨水。一般储养穴可维持2~3年,草把应每年换一次,发现地膜损坏后应及时更换。再次设置储养穴时应改换位置,逐渐实现全园改良。

(五)加强旱作保墒措施

传统的中耕、耙耱等是春季果园保墒的有效措施,可以减少土壤中水分的大量蒸发。对于旱地果园,如果再结合覆草、覆膜等方法,保墒效果更加显著。覆草可以减少水分蒸发量,减小地表径流,有利于地表湿度的稳定;覆膜具有保持土壤水分、提高地温的作用,可促进早春根系提早活动,增加土壤速效养分。覆草、覆膜一般在雨后或浇水后墒情好时进行。覆膜时,对幼树采用单幅地膜,大树则采用双幅地膜,里低外高,留有渗水孔。覆草前先撒施尿素,每株0.5~1 kg,再均匀盖草并压实。覆盖细碎的草效果好,厚度为15~20 cm。两行树间留50 cm宽的作业道。覆草后一般不再耕翻,只需每年加盖一层草,连盖4~5年后再行翻耕。树盘覆草时,主干周围50 cm内不覆草,每亩用草1 000 kg;隔行行间覆草时,每亩用草2 000 kg;全园覆草时,每亩用草3 000 kg。

第五节　果园生草

果园生草后要加强管理,管理技术到位,才能发挥果园生草的综合效益,达到果园生草的目的。果园主要采用直播生草法,即在果园行间直播草种子。这种方法简单易行,但用种量大,而且在草的幼苗期要人工除去杂草,用工量较大。土地平坦、土壤墒情好的果园,适宜用直播法,分为春播和秋播,春播在3~4月播种,秋播在9月播种。直播法的技术要求为:进行较细致的整地,然后灌水,墒情适宜时播种。可采用沟播或撒播,沟播先开沟,播种覆土;撒播先播种,然后均匀地在种子上面撒一层干土。出苗后及时去除杂草,此方法比较费工。通常在播种前进行除草剂处理,选用在土壤中降解快的和广谱性的种类,如百草枯在潮湿的土壤中10~15天即失效,就可以播种了。也可在播种前先灌溉,诱杂草出土后施用除草剂,过一定时间再播种;还可采用苗床集中先育苗、后移栽的方法。采用穴栽方法,每穴3~5株,穴距15~40 cm,豆科草穴距可大些,禾本科草穴距可小些,栽后及时灌水。为控制杂草,通常也是预先在土壤中施用除草剂,待除草剂有效期过后再栽生草的幼苗。

果园生草通常采用行间生草的方法,果树行间的生草带的宽度应以果树株行距和树龄而定,幼龄果园行距大,生草带可宽些,成龄果园行距小,生草带可窄些。果园以白三叶和早熟禾混种效果最好(见附图7-1、附图7-2)。

出苗后,根据墒情及时灌水,随水施些氮肥,及时去除杂草,特别注意及时去除那些容易长高大的杂草。有断垄和缺株时要注意及时补苗。

生草长起来覆盖地面后,根据生长情况,及时刈割,一个生长季刈割2~4次,草生长快的,刈割次数多,反之则少。草的刈割管理不仅能控制草的高度,而且可促进草的分蘖和分枝,提高覆盖率和增加产草量,割下的草覆盖树盘。刈割的时间由草的高度来确定,一般草长到30 cm 以上刈割。草留茬高度应根据草的更新的最低高度,与草的种类有关,一般禾本科草要保住生长点(心叶以下);而豆科草要保住茎的 1~2 节。有些茎节着地生根的草,更容易生根。草的刈割采用专用割草机。秋季长起来的草不再刈割,冬季留茬覆盖。

苗期应注意管理,草长大后更要加强管理,草要想长得好,一定要施肥,有条件的果园要灌水,一般追施氮肥,特别是在生长季前期。生草地施肥水,一般刈割后较好,或随果树一同进行肥水管理。

一、果园生草应注意的问题

(一)预防鼠害和火灾,禁止放牧

特别是冬春季,应注意鼠害(鼠类等啮齿动物啃食果树树干)。可采用秋后果园树干涂白或包扎塑料薄膜预防鼠害,冬季和早春注意防火。果园应禁止放牧,以保护草的生长。

(二)果园秋施基肥

随土壤肥力的提高,可逐渐减少施肥。在树下施基肥可在非生草带内施用。实行全园覆盖的果园,可采用铁锹翻起带草的土,施入肥料后,再将带草土放回原处压实的办法。

(三)合理灌溉

生草果园最好实行滴灌、微喷灌、沟灌的灌溉措施,防止大水漫灌。果园喷药,应尽力避开草,以便保护草中的天敌。

注意清园。刮树皮、剪病枝叶,应及时收拾干净,不要遗留在草中。

(四)草的更新

一般情况下,果园生草 5 年后,草逐渐老化,要及时翻压,使土地休整 1~2 年后重新播草。也有的地区采用使用除草剂和地膜覆盖的方法进行草的更新。

(五)旱地果园

果园生草也要分地域,干旱地区特别是年降水不均的地区,草与树争水特别严重,生草果园不仅消耗掉每年的降水入渗量,而且不断利用深层土壤有效储水,使深层土壤出现干层,导致土壤蓄水量降低,土壤水库的调节作用丧失。研究表明,年降雨量在 550 mm 以下的地区进行全园生草,会明显削弱树势;在年降雨量为 500 ~ 550 mm 的地区,3 m 以下土壤水分较清耕制果园低 0.15% ~ 115%,果园生草促使深层土壤进一步干燥化。在苹果主产县,特别是靠北的一些苹果优生区,年降雨量很少,许多县(区)不足 550 mm,那么在这些县(区)是不适合进行全园生草的。

二、解决办法

在年降雨量小于 550 mm 的地方,可进行果园覆草,既可以蓄水保墒,减少土壤水分蒸发,还能增加土壤有机质,不存在草与树争肥争水的问题,可谓是一举多得。在年降水量 550 ~ 700 mm 的地区,可采用行间生草加株间覆盖的方法。

同时应注意:

(1)选择浅根性牧草。

(2)旱季及时刈割。

(3)在果树根系主要分布区留出清耕带进行覆盖,且清耕带宽度应随果冠扩大而扩大,大体应在 60 cm 到 2 m 之间变动。

第六节　果园增施碎木屑和矿质

苹果树的根系从土壤吸收自身需要的元素并储藏在体内组织中,果树最需要的营养元素在体内含量最多,所以冬季修剪时,剪下的枝条不要扔掉或烧掉,应该用机器粉碎,经过与农家肥混合发酵后,再回施到果园土壤,多年坚持下去,果树就不会失去营养平衡,并能防止多种生理性缺素症。具体方法如下:把果树枝条剪成 3 ~ 5 cm 的碎木段,加入 ETS、木美土里生物菌肥并与农家肥混合堆沤,让空气充分流通,促使微生物生长,加快发酵。不发酵碎木直接施在果园,易发生脱氮现象,并促进了害虫的寄生,必须完全发酵后再使用。把碎果木堆肥施用在土壤里,完全分解腐蚀时间长(5 ~ 7 年),纤维素强度高,并成为土壤中小动物、有益昆虫、土壤微生物的“安乐窝”。破碎木屑施用在果园后,改良土壤效果显著,使土壤的通气性、保水性、排水性、保肥性、微生物活性等得到改善,对调节地温、改良土壤等具有良好的效果。

第七节　特殊土壤的改良

一、盐碱地的改良

盐碱地的主要问题是:含盐量高,营养物质有效性降低,苹果根系很难从中吸收水分和营养物质,引发"生理干旱"和营养缺乏症。建园前,应建好排灌设施,适时排灌,洗盐压碱。其方法是:顺果树行向,每隔20～40 m宽挖一条排水沟,沟深1 m,上宽1.5 m,底宽0.5～1 m,用沟土修成高台田,使排水沟与排水支沟相连,以便使盐碱顺利排出果园。要多施有机肥,种植绿肥作物,如苜蓿、草木樨、百脉根、田菁、扁蓿豆、偃麦草、黑麦草、燕麦和绿豆等,改善土壤结构,提高土壤中营养物质的有效性。可施用土壤改良剂,提高土壤的团粒结构和保水性能,还可进行中耕和地表覆盖,减少地面的过度蒸发,防止盐碱含量上升。

二、黏重土壤的改良

黏重土壤的透气性差,容易板结和裂缝,排水不良,有机质含量少,导致苹果树新陈代谢降低,根系呼吸作用减弱,生长分布受阻。

改良措施如下:

(1)混入纤维含量高的作物秸秆和稻壳等有机肥,可有效改善土壤的通透性。

(2)掺沙,一般一份黏土掺两三份沙。

(3)多施有机肥,例如每年埋压杂草、绿肥1 000～2 000 kg/亩,种植和施用如紫云英、金光菊、豇豆、蚕豆、二月兰、大米草、毛叶苕子和油菜等绿肥作物,提高土壤的肥力。施用磷肥和石灰,施量为50～70 kg/亩,调节土壤的酸碱度。

(4)合理耕作,免耕或少耕,实行生草制和覆草制。

三、沙荒地的改良

沙性土壤孔隙过多、过大,保水性和保肥性差,有机质含量低,土表温度变化剧烈。若沙层较浅,可通过深翻,将下面的土壤与上面的沙土混合。还可采用土壤结构改良剂,提高土壤的保水性,促进土壤团粒结构的形成。

在我国黄河故道和西北地区,有大面积的沙荒地,其土壤构成主要为沙粒,有机质极为缺乏,温湿度变化大,无保水、保肥能力。

在这里建立苹果园时,其改良措施如下:

(1)先平整土地,后建园。

(2)营造防风固沙林。

(3)若沙层较深,常采用"填淤"(掺入塘泥、河泥)结合施用富含纤维的有机肥的方法,淘沙换土。

(4)行间生草或种草。

(5)逐年压土、培土和填淤。

(6)种植绿肥作物,加强覆盖。

(7)增施有机肥。

(8)施用土壤改良剂。

四、土壤酸碱度的调节

土壤酸碱度对苹果树的生长发育影响很大,土壤中必需营养元素的可给性、微生物的活动、根部的吸水吸肥能力和有害物质对根部的作用等,都与土壤酸碱度有关。苹果根系喜微酸性至微碱性土壤。当土壤过酸时,易出现缺磷、钙、镁的现象,可通过施用磷肥和石灰,或种植和施用碱性绿肥作物,如紫云英、金光菊、豇豆、蚕豆、二月兰、大米草、毛叶苕子和油菜等,进行调节。当土壤偏碱时,硼、铁、锰的可给性低,可通过施用硫酸亚铁或种植和施用酸性绿肥作物,如苜蓿、草木樨、百脉根、田菁、扁蓿豆、偃麦草、黑麦草、燕麦和绿豆等,来进行调节。

第八章 苹果病虫害防治

第一节 苹果主要病害

一、苹果白粉病

(一)症状

该病主要危害花芽、新梢、叶片、花器和幼果。被害部位表面覆盖一层灰白色粉状物,故称白粉病。受害芽干瘪尖瘦,病梢节间缩短,发出的叶片细长,质脆而硬,花器受害后,花萼、花梗畸形,花瓣细长,叶片感病后,严重影响果树的光合作用,引起树势的衰弱和落果,对产量和品质影响较大。

(二)病原物

苹果白粉病病原物为白叉丝单囊壳,属于子囊菌亚门叉丝单囊壳属。无性阶段为真菌粉孢属。

(三)发生规律

1.温度和湿度条件

相对湿度高于70%,温度在 10~25 ℃,病菌菌丝即可发生侵染。但冬季温度低于-24 ℃,菌丝无法越冬。

2.白粉病年度发生规律

苹果白粉病病菌以菌丝潜伏在冬芽鳞片内越冬,翌年春季,越冬菌丝随着叶芽萌发开始活动。

4~5 月,苹果白粉病即在春梢幼嫩组织上发生、发展。春季开花后,病情逐步加重,至 5 月中、下旬出现一个发病盛期,6~8 月夏季高温条件下,发病缓慢或停滞,待秋梢出现,产生幼嫩组织时,开始第二次发病。

（四）主要防治方法

1.合理施肥

采用配方施肥,增加有机肥、微生物菌肥、中微量元素肥的使用量,新梢生长期避免偏施氮肥,磷、钾可壮树、强树、稳树,从而达到避病、抗病的目的。

2.栽培措施

加强栽培管理,改善果园的通风透光条件(特别要减少大侧枝数量),减轻传染蔓延。清洁田园,要及时剪掉白粉病病芽、病枝,减少病原菌数量。

3.化学防治

抓住防治白粉病的关键时期(清园期、花露红期和花后 7~10 天),及时进行化学防治。

(1)在开花前嫩芽刚破绽时,用 1 波美度石硫合剂,或 15%粉锈宁1 000 倍液喷干枝,开花后 10 天,结合防治其他病虫害再喷 1 次;也可使用 40%的氟硅唑 3 000 倍液,全园进行彻底清园。

(2)花露红期使用 40%腈菌唑悬浮剂 4 000~5 000 倍液或 25%乙嘧酚 1 000 倍液全园喷雾。

(3)对于往年白粉发生严重的果园,落花后再喷一次 40%吡唑·戊唑醇悬浮剂 3 000 倍液或 25%乙嘧酚悬浮剂 1 000 倍液,就可以对全年的白粉病有一个很好的防治效果。

二、苹果锈病

（一）症状

苹果锈病又称赤星病、苹桧锈病、羊胡子病,主要危害苹果叶片、叶柄、新梢及幼果等幼嫩的绿色组织。叶片上开始表现为黄绿色小圆点,后病斑扩大呈橙黄色,中央出现许多小黑点,后期叶背面隆起,丛生许多黄褐色毛状物。在柏树上侵染后,形成直径 3~5 mm 的瘿瘤。

（二）病原物

苹果锈病的病原菌为苹果东方胶锈菌,属担子菌亚门真菌。

(三)发生规律

苹果锈病是一种转主寄生病害,以菌丝在柏树枝条的病瘤内越冬,次年 2~3 月产生冬孢子角,苹果萌芽后,冬孢子角发育成熟,遇雨萌发产生担孢子。担孢子随风雨传播,侵染苹果的幼嫩组织,受侵染组织 8~12 天后发病。6~7 月,苹果上的锈病菌产生锈孢子,该锈孢子不再侵染苹果,而是随风雨传播侵染柏树的幼嫩枝条,逐渐形成瘿瘤。柏树上的冬孢子角能连续多年产孢。

(四)主要防治方法

(1)搞好田间卫生,清除转主寄主。彻底清除距果园 5 km 以内的针叶型松柏,以切断侵染循环。控制冬孢子萌发,早春剪除转主寄主上的菌瘿并集中烧毁,也可喷药抑制冬孢子萌发。春雨前,在桧柏上喷洒波美 3 度石硫合剂、0.3%五氯酚钠或混合喷洒。秋季喷 15%氟硅酸乳剂保护松柏,防止锈病侵染。

(2)苹果、梨自芽萌动至幼果期喷药 1~2 次,特别是在 4 月中下旬有雨时,必须喷药。可用药剂有:20%三唑酮可湿性粉剂、50%甲基硫菌灵可湿性粉剂、波尔多液、97%故锈钠可湿性粉剂、6%氯苯嘧啶醇、20%萎锈灵乳剂、50%硫黄悬浮剂、25%敌力脱乳油、70%代森锰锌干悬粉。

(3)30%苯醚甲环唑悬浮剂 500 倍液或 30%己唑醇悬浮剂 5 000 倍液。

(4)40%腈菌唑可湿性粉剂 500~6 000 倍液喷雾。

三、炭疽叶枯病

(一)症状

当炭疽叶枯病侵染幼嫩叶片时,产生大小不等的黑色病斑,病斑边缘模糊,透过阳光观察,叶片内部组织变黑。侵染果实后主要形成直径 1 mm 左右的褐色、圆形病斑,边缘常伴有红色晕。病斑数量多,单个果实上的病斑数量达数百个,发病果实成为"麻面果",病斑不再扩展。

该病可同时侵染果实和幼嫩叶片,并表现出上述症状。

(二)病原物

引起苹果炭疽叶枯病的病原为果生刺盘孢和隐秘刺盘孢。

(三)发生规律

炭疽叶枯病和苹果品种有直接关系,主要发生在'金冠'系列,如'嘎啦'、'秦冠'、'金帅'、'乔纳金'等品种。'富士系'、'元帅系'('红星'等)品种高度抗病。

苹果炭疽叶枯病菌主要以菌丝体在芽和小的枝条上越冬,次年5月中下旬(落花后20~40天内)遇雨后开始侵染,直到9月仍有大量病菌侵染。病原孢子借雨水和昆虫传播,经皮孔或伤口侵入叶片、果实,可重复侵染。侵染速度很快,病菌侵入组织2~3天后即可表现出症状,4天后病斑上产生病菌分生孢子盘,进行再侵染。分生孢子萌发最适宜温度为28~32 ℃,菌丝生长最适宜温度为28 ℃。

(四)主要防治方法

主要采取雨前喷药保护,或者定期喷药保护的方式。在实际的病害防治中,从苹果树落花后的第20天开始用药保护,直到9月中旬气温明显下降后结束。

药剂可选择:80%波尔多液500~600倍液,250 g/L吡唑醚菌酯2 000倍液。

如果雨前没有及时喷药保护,在雨后24小时内,及时喷施45%咪鲜胺乳油2 000倍液和250 g/L吡唑醚菌酯乳油2 000倍液补救防治。

四、苹果褐斑病

(一)症状

苹果褐斑病主要危害叶片,也可危害果实和叶柄。叶片发病先出现褐色小点,散生或数个连生,呈不规则褐斑,但病斑边缘保持深绿色。病斑扩展后分3种类型,即同心轮纹型、针芒型和混合型。病斑形状不规则,但病斑周围保持深绿色是其主要特征。

(二)病原物

苹果褐斑病病原有性态为苹果双壳孢,属子囊菌亚门真菌,无性世代为苹果盘二孢。

(三)发生规律

苹果褐斑病病原菌主要随病叶在地面上越冬,次年产生分生孢子进行初侵染。分生孢子主要随雨水传播,传播距离近,初侵染主要发生在树冠下部的叶片上。5月是病原菌的初侵染期,6月是病原菌的快速累积期,也是病害防治的关键时期,7~8月是病害的高发期。

病原菌的最适宜侵染温度为20~25 ℃。降雨是苹果褐斑病流行的主导因素,雨量超过2 mm、叶面结露超过7小时的降雨可导致病原菌侵染,使叶片发病。降雨持续时间越长,侵染量越大。苹果褐斑病的初侵染病斑和再侵染病斑都能在8月大量产孢,并进行再侵染,严重发生时导致苹果大量落叶。

我国目前的主栽品种如'富士'、'嘎啦'等都对褐斑病敏感。

(四)主要防治方法

1.以化学防治为主,辅以清除落叶等农业措施

(1)清除侵染来源,剪除病梢,清扫落叶。果树发芽前,结合其他病害的防治,全园喷施40%福美胂可湿性粉剂100倍液或3~5波美度的石硫合剂,彻底铲除病菌。

(2)加强栽培管理,合理施肥,避免偏施氮肥,合理疏果,提高树体的抵抗力;合理修剪,改善通风透光;合理灌溉,及时排除积水。

2.喷药保护

根据当地情况,结合防治其他病虫害可混合喷药,全年喷药应视雨季长短和发病情况而定,每次喷药间隔15天,喷3~4次。常用药剂有波尔多液、77%可杀得3 000、80%大生M-45、35%碱式硫酸铜、70%甲基硫菌灵、50%多菌灵、50%扑海因、10%宝丽安等杀菌剂。

注意:套袋前幼果期不用波尔多液,避免污染果面,套袋早熟品种脱袋后选用优质的可湿性杀菌剂,晚熟的则可不用药。用30%己唑醇悬浮剂5 000倍液或430 g/L戊唑醇悬浮剂或80%代森锰锌可湿性粉剂600倍液进行侵染前保护;25%戊唑醇悬浮剂或80%代森锰锌可湿性粉剂2 000~3 000倍液喷雾。

五、苹果斑点落叶病

(一)症状

苹果斑点落叶病可危害叶片、果实和叶柄。主要在嫩叶期危害,叶

片染病,先出现褐色小斑,病斑扩展到 5~6 mm 后不再增大,病斑呈红褐色,边缘呈紫褐色,中央具一深色小点。当空气潮湿时,病斑背面有黑色或黑绿色霉状物。叶柄受害产生长椭圆形凹陷病斑,易脱落。果实受害,产生褐色小点,周围有红晕,病斑扩展到 2~5 mm 后不再增大,病斑稍凹陷。

(二)病原物

链格孢苹果专化型是引发苹果斑点落叶病的病原菌。

(三)发生规律

病菌以菌丝在受害部位越冬,翌春产生分生孢子,随风雨传播,通过伤口或直接侵入,发病严重时造成大量落叶,严重影响苹果的产量和质量。

每年的春梢生长期和秋梢生长期是两个发病高峰期,发病率和发病程度与此期降雨有密切关系。

(四)主要防治方法

1.农业防治

加强栽培管理,注意果园卫生,合理施肥,多施有机肥,增施磷肥和钾肥,避免偏施氮肥;合理修剪,及时剪除徒长枝和病梢,改善通风透光条件;合理灌溉,及时排除积水,清除落叶残枝;选用抗病品种,尽量减少易感品种的种植面积,控制病害的发生。

2.药剂防治

出芽前,结合防治腐烂病、轮纹病,全树喷布 5 度的石硫合剂或40%福美胂,铲除越冬病菌。新梢迅速生长季节喷施 50%异菌脲、10%宝丽安、10%世高、80%山德生、70%安泰生、80%超邦生、1.5%多抗霉素、80%大生 M-45、50%扑海因、80%喷克、68.75%易保、80%普诺、78%科博等杀菌剂。也可混合甲基硫菌灵等药剂,将苹果斑点落叶病与轮纹病、炭疽病结合起来防治。

3.生物防治

目前已有人将芽孢杆菌用于苹果斑点落叶病的防治;也有人把沤肥浸渍液用于该病的先期预防,均取得了较好的效果。用 10%多抗霉素可湿性粉剂 1 500 倍液或 30%己唑醇悬浮剂 5 000 倍液或 80%代森锰锌可湿性粉剂 600 倍液进行侵染前保护;用 25%戊唑醇悬浮剂或 80%代森锰锌可湿性粉剂;2 000~3 000 倍液喷雾。

六、苹果霉心病

(一)症状

苹果霉心病一般从心室和萼筒开始发病,会在心室内生长出灰黑、黑白或灰绿的霉状物,也可出现腐烂,而从外部见不到症状。

严重时幼果期大量落果,另外,在采收前,霉心病也会加重采前落果。储藏期病果从里向外腐烂。

(二)病原物

苹果霉心病与心腐病病原多样、鉴定困难,可能涉及 20 个属的 33 个种。综合来看,苹果霉心病与心腐病主要由链格孢、树状链格孢、细极链格孢、枝状枝孢、细极枝孢、粉红聚端孢、层出镰刀菌和团聚茎点霉等 8 种病原菌引起。

(三)发生规律

病原以菌丝在落叶、落果、枝条、芽鳞、病痕等部位中越冬或越夏,来年春天分生孢子依靠昆虫和风雨传播,然后在果树花期及花后,从萼孔侵入果实,菌丝在萼筒中生长并进入心室,之后侵染心皮和种子。病原也可以通过花芽、花直接侵染果实。因此,苹果花期成为病原侵染的主要时期,侵染后,病原菌在苹果果实的整个生长发育期内均可繁殖蔓延,最终使果实出现霉心或心腐症状,严重时使果实腐烂。

花前及花期降雨早或花期阴雨,空气湿度大,果园地势低、郁闭度大、通风不好,利于霉心病的发生。

另外,一般开放式或半开放式萼筒品种(如'富士'、'元帅'、'红星'等)果实较大,萼筒较长,有利于孢子附着和侵染,受害严重。

(四)主要防治方法

于盛花期用药,是防治霉心病的关键,但此期间用药,会一定程度降低苹果果实的坐果率和增加果实的畸形率,且化学药剂(如苯醚甲环唑)造成的不良影响会高于生物制剂(如多抗霉素)。

药剂可选择:10%多抗霉素可湿性粉剂 1 000 倍液、1.5%噻霉酮、

30%苯醚甲环唑3 000倍液、70%甲基硫菌灵水分散粒剂700倍液等。需要注意的是,苹果霉心病由多种病原复合侵染,多种药剂混配使用,可能会提高防治效果。

七、苹果轮纹病

(一)症状

该病主要危害枝干和果实。枝干发病多以皮孔为中心,产生暗褐色小点病斑,扩大后,形成近圆形病瘤,严重发生时,多个病斑愈合,使主干、主枝树皮变得粗糙,造成树势极度衰弱。果实多在近成熟期及储藏期发病,发病初期多以皮孔为中心,产生褐色小点,有的具有同心轮纹,扩大后,病斑呈淡褐色或红褐色,严重时果实腐烂,变为黑色僵果。

(二)病原物

苹果轮纹病由葡萄座腔菌引起,属子囊菌亚门,无性型为伯氏小穴壳菌。

(三)发生规律

苹果轮纹病病菌以菌丝、分生孢子及子囊壳在病枝上越冬。自苹果谢花后即开始侵染,4~7月传染量最多。

病菌侵入幼果后,初期潜伏,果实近成熟时或储藏期生活力减弱后,潜伏菌丝迅速蔓延扩展才出现症状。

该病侵染及发病和降雨等天气密切相关,如5~7月降雨频繁,雨日持续时间长,发病重。同时,树势衰弱、田间郁闭都会加重发病。

(四)主要防治方法

1.加强树势管理

加强果园的水肥土管理,增加有机肥,改善土壤的物理和化学环境,合理修剪,控制产量等,都能有效减轻病害的发生。

2.化学防治

苹果休眠期刮除树干粗皮、病皮、翘皮,深埋处理,同时涂抹愈合剂,保护伤口。

花芽萌动期用石硫合剂清园,保护树体。

在生长季节,可于降雨前后及时喷施化学药剂预防。具体药剂可选择:80%代森锰锌可湿性粉剂 600 倍液、30%苯醚甲环唑悬浮剂2 000倍液、70%甲基硫菌灵水分散粒剂 600 倍液、250 g/L 吡唑醚菌酯悬浮剂2 000倍液。

3.伤口和树干保护

修剪后对于大的伤口,用伤口愈合剂进行保护;对于易发生冻害的地区,冬前进行树干涂白,防止冻害。

八、苹果腐烂病

(一)症状

根据病斑的表现类型,可分为溃疡型和枝枯型两种类型。溃疡型病斑发病初期病部呈红褐色,常流出黄褐色汁液,树皮皮下组织松软,呈红褐色,有酒糟味。发病后期,病部出现黑色小点(分生孢子器),雨后小黑点上可见有金黄色的丝状孢子角溢出。枝枯型病部初始呈红褐色,略潮湿肿起,病斑很快变干下陷,形成边缘不明显的不规则病斑,后期病部长出许多黑色的小粒点。

(二)病原物

苹果腐烂病病原为黑腐皮壳,属子囊菌亚门黑腐皮壳属,无性型为小壳囊壳孢。

(三)发生规律

腐烂病病菌是一种弱寄生菌,以菌丝体、分生孢子器和子囊壳在田间病株和病残体上越冬。发病周期开始于夏季,7 月为病菌侵入适期,此时苹果树上定殖的病菌从树皮新生成的落皮层侵入,形成表面溃疡;晚秋初冬果树休眠期进入发病盛期,冬季继续向树体深层扩展;第二年早春,气温上升、发病激增,扩展加快,晚春苹果树生长旺盛,病菌活动停止,一个发病过程结束。一年有春季(3~4 月,果树萌芽期)和秋季(7~9 月,果实迅速膨大期)两个发病高峰期。春季高峰病斑扩展迅速,病组织较软,病斑典型,为害严重,常造成死枝、死树。秋季高峰相对春季高峰较小,但该期是病菌侵染落皮层的重要时期。

(四)发病原因

1.树势极度衰弱是腐烂病流行的根本原因

苹果树树势强弱是腐烂病发病的一个至关重要的因素。一般随着树龄的增加、树势的减弱,腐烂病的发生概率也随着增加。再加上近几年来,果农投入水平有所下降,大都存在着施肥品种单一、施肥时期单一的现象,有机肥施之甚少,土壤肥力极度匮乏,再加上果农存在着严重的惜果、惜产现象,造成大小年严重发生。大年树体超限度负载,小年树体疯长,以及过度的连年环剥(切),削弱了树势。

2.清园不及时或者不彻底

田间腐烂病菌源多,数量大,易发病。很多果农对树上的腐烂病病斑和腐烂枝没有及时刮除、修剪,工具不消毒,病残枝、病残果清理不及时,大量病菌在园区积累,这些操作为腐烂病的发生创造了条件。

3.伤口保护不力,造成腐烂病大流行

生产中对刮后的伤口未能及时保护,或只用油漆、乳胶等简单的封口剂,这样做既无杀菌作用,又无愈伤能力,且伤口的裂口现象较多,为腐烂病的发生创造了条件。

4.果园内菌源量为病害流行创造了条件

苹果树腐烂菌寄生于苹果树病组织中,及时清理病组织可以有效降低果园内的病菌密度。病残体上,腐烂菌密度较大,彻底清除病枝干能有效减少侵染点。但是,近年来,多数果农采果后不及时清园,而将清园时间推迟到第2年萌芽期,园内病枝、病叶、病果随处抛弃,病菌随风雨落至树干、树杈、剪锯口部位,容易诱发病变。

5.不重视工具消毒

据调查,有相当一部分腐烂病斑是直接由工具传播所致的。由于多数果农没有养成工具消毒的习惯,在修剪、环切(剥)、疏花疏果的同时,将病菌带入了伤口。这就是剪锯口、环切(剥)口发病率高的主要原因。

6.气候条件与病害流行的关系

腐烂病的发生轻重通常与雨日、湿度、温度没有直接的关系。在诸多气候因素中,低温冻害与该病的关系最为密切。冻害使树体抗病性降低,树体发生冻害之年,往往是该病大发生或开始大发生之年。此外,不同地区土层结冻的深度和时间不同,对腐烂病的发生也有很大影响。

(五)主要防治方法

1.苹果树腐烂病春季防治技术

(1)清洁果园。在秋季树上叶片脱落以后,及时并彻底清扫落叶、病果和园内杂草,摘除树上僵果,集中烧毁或深埋,以消灭在其上越冬的病虫。同时结合冬季修剪,剪除树上病枝和虫枝。对清除的枯枝落叶进行烧毁会污染环境,进行深埋费工费时,且效果不好,为了使枯枝落叶科学回田,现介绍一种堆沤回田法:将果园修剪后的枝条粉碎,连同落叶一起堆放。为防治枝条落叶上的病虫害残留,可用43%戊唑醇4 000倍液和20%氰戊菊酯500倍液进行均匀喷施、翻拌,然后堆置3~5天,杀死潜藏的病虫害,并减少药剂残留。将处理好的材料与农家肥按照1∶1的比例混匀后集中堆沤发酵,让农家肥与锯末充分腐熟。沤肥时可加入少量的过磷酸钙,效果更佳。结合秋季施肥,果园翻耕土壤,采用沟施将发酵好的有机肥施入,深度在30~60 cm。枯枝落叶还园后及时在树盘周围灌足水,并用秸秆覆盖树盘保墒。

(2)刮除老皮、翘皮。结合刮除自然生成的老翘皮,彻底刮除腐烂病造成的老翘皮及病斑,力争做到“一刮净、二涂药、三抹泥、四包缠、五桥接”的技术要求,涂药可选用10波美度石硫合剂。对于腐烂病,在刮除后要用腐必清2~3倍液或2%农抗120的10~20倍液或5%菌毒清30~50倍液涂抹消毒,半个月后再用上述药剂涂抹1次。对于虫害的防治,在早春花芽萌动前,要防治锈线菊蚜、苹果瘤蚜的越冬卵和初孵若虫及苹果全爪螨越冬卵、山楂叶螨越冬雌成螨和介壳虫等害虫,可喷99.1%加德士敌死虫乳油20倍液或95%柴油乳油50~80倍液或50%硫悬浮剂30~50倍液或5波美度石硫合剂。

(3)合理修剪,疏花疏果。采用科学的修剪技术,形成合理的株型,促进果树健壮生长;同时采取疏花疏果技术,避免大小年的形成,增强树体的抗病能力。

(4)加强果园的土肥水管理,培养和强壮树势。按照合理施肥的原则,果园增施腐熟的农家肥和生物有机肥,配合施用三元复合肥,适当调减氮、磷化肥用量,增加钾肥用量,并注意钙、镁、硼、锌等微量元素的配合使用。每年都要重视秋季施用基肥,方法是在果实采收后采取条沟法或穴施法迅速施用,施肥量依据土壤肥力条件和产量水平确定。

(5)花芽露红期喷药。3月下旬至4月上旬是腐烂病菌孢子集中传播侵染的主要时期,分生孢子产生和传播的条件是降雨,因此在休眠期对树体病斑刮治的基础上,结合防治其他病害,花芽露红期全园用药。药剂可选择45%施纳宁水剂300倍液或10%苯醚甲环唑水分散粒剂3 000倍液或70%乙磷铝·锰锌可湿性粉剂1 000倍液或430 g/L戊唑醇悬浮剂2 500~3 000倍液。实践证明,山东潍坊奥丰作物病害防治有限公司的2种纯中药制剂"溃腐灵"和"靓果安"对防治苹果树腐烂病田间防治具有很好的效果,有着市面上所售的化学农药所不具备的优点。"溃腐灵"和"靓果安"为新型纯中药制剂,即使高浓度使用,也有着绝对的安全性优势,无污染、不积累,其有效成分一般都具有生物活性,使用后可以很快失活或被自然界的微生物分解。同时,"靓果安"中含有多糖、木质素、氨基酸和植物生长所必需的微量元素,能够很好地促进植物伤口愈合,促进生长代谢,提高果树的抗病性。

2.生长期防治苹果树腐烂病

(1)喷施EM-农业种植专用型菌液。根据杨凌职业技术学院马志峰、西北农林科技大学园艺学院王荣花等的研究结果,定期全园喷布微生物环境改良剂EM-农业种植专用型菌液500~1 000倍液,可混合益恩木黄腐酸钾(EM伴侣,使用浓度为500~800倍液),效果更好。方法是:从萌芽到落叶每10~15天叶面或全株喷布一次,可发挥药肥双效的效果,既刺激作物生长,又能有效预防各种真菌和细菌引起的传染性病害,还能控制蚜虫等害虫。

(2)花期、展叶期喷雾方案。喷洒"靓果安"300倍液+"沃丰素"600倍液+有机硅喷雾2次,可促进叶片展叶,提高叶绿素含量,促进光合作用和有机物质积累,使树体健壮生长。

(3)果实生长期。喷施"靓果安"300~500倍液+"沃丰素"600倍液+大蒜油1 000倍液+有机硅4次以上。复壮树体,促进光合作用,利于有机物质的积累,树健果优,对其他叶部病害有广谱杀菌的作用。

(4)采果后的清园方案。使用"溃腐灵"200~300倍液+"沃丰素"600倍液+有机硅全株喷施1次,进行全面杀菌。杀菌并修复果痕、叶痕及农事操作造成的伤口,防止病菌侵入株体;补充营养,愈合伤口,以利于死组织脱落,减轻腐烂病的发生。

(5)控制叶片氮、钾比例。腐烂病的发生不仅受钾元素含量的影响,而且受氮、磷、钾多种元素之间营养平衡的影响,西北农林科技大学孙广宇教授建议将叶片钾含量提高到1.3%,氮含量控制在2.2%~2.4%,氮钾比不超过2:1。这项技术在渭北一带苹果产区进行推广,取得了很大的成功,有效防止了树体腐烂病的发生。

九、炭疽病

(一)症状

炭疽病主要危害果实,也可侵染果台和枝干。果实危害初期果面出现淡褐色小圆斑,逐渐扩大成深褐色、下陷的圆斑。剖果观察,果肉褐色,有苦味,呈漏斗状向果心腐烂。

(二)病原物

苹果炭疽病有性态为围小丛壳,属于子囊菌亚门小丛壳属,无性态为胶孢炭疽菌,属于半知菌亚门。

(三)发病规律

病菌在病果、果台、干枝、僵果上越冬,当第二年春季温湿度适宜时,产生分生孢子,借风雨、昆虫传播。分生孢子萌发后,产生的芽管直接侵入寄主表皮,通过皮孔、伤口侵入,侵入后在果面蜡质层下潜伏,从6月中下旬至7月开始发病,每次雨后有1次发病高峰期。果实生长后期为发病盛期。

发病初期,果面出现针头大小的淡褐色小斑点,圆形,边缘清晰。以后病斑逐渐扩大,颜色变成褐色或深褐色,表面略凹陷。病果肉变褐腐烂,具苦味,果肉剖面呈圆锥状(或漏斗状),可烂至果心,与好果肉界限明显。当病斑直径达到1~2 cm时,病斑中心开始出现稍隆起的小粒点(分生孢子盘),常呈同心轮纹状排列。小粒点初为浅褐色,后变黑色,并且很快突破表皮。如遇降雨或天气潮湿,则溢出绯红色黏液(分生孢子团)。病果上病斑多数不扩展而成为小干斑,稍凹陷,呈褐色或暗褐色;少数病斑能够扩大,相互融合后导致全果腐烂。

该病害与果实轮纹病比较的区别主要有四点:①炭疽病斑颜色较深,均匀一致,轮纹病斑形成深浅交错的同心轮纹;②炭疽病发病初期就凹陷,轮纹病果实初期不凹陷;③炭疽病斑上的小黑粒呈轮纹状排列,轮纹病初期无小黑点,后期产生的小黑点多呈散乱排列;④炭疽病果肉有苦味,轮纹病果实无异味。

(四)主要防治方法

1.重点进行药剂防治和套袋保护

(1)加强栽培管理。合理密植和整枝修剪,及时中耕锄草,改善果园通风透光条件,降低果园湿度;合理施用氮、磷、钾,增施有机肥,增强树势;合理灌溉;正确选用防护林树种。

(2)清除侵染来源。以中心病株为重点,冬季结合修剪清除僵果、病果和病果台,剪除干枯枝和病虫枝。苹果发芽前喷一次石硫合剂或40%福美胂。生长季节发现病果及时摘除并深埋。

2.喷药保护

苹果炭疽病的发生规律与果实轮纹病基本一致,对两种病害有效的药剂种类也基本相同。因此,炭疽病的防治可参见果实轮纹病。此外,防治炭疽病还可选用30%炭疽福美、64%杀毒矾、70%霉奇洁、80%普诺等。70%甲基硫菌灵水分散粒剂800倍液或80%代森锰锌可湿性粉剂600倍液进行侵染前保护;430 g/L戊唑醇悬浮剂400~500倍液喷雾。

十、苦痘病

(一)症状

该病属于生理性病害,常发生在苹果成熟期和储藏期,主要由于树体缺钙引起。

发病时,果皮下果肉先变褐,逐渐在果面上出现圆形稍凹陷的病斑,在红色品种上表现为暗红色斑,在绿色品种上表现为深绿色斑,在青色品种上形成灰褐色斑,后期发病部位凹陷,皮下果肉干缩呈海绵状,表皮坏死,有苦味。

(二)病因

苹果苦痘病的发生与叶片和果实的钙比有关。叶片与果实的钙比比率上升,发病率增高。

果实生长后期过多施用速效氮肥、钾肥或灌水过多、排水不畅,都易引起钙的缺乏。

(三)发病规律

此病在幼树上发生较多,尤其是修剪过重,蔬果过多,果形越大,发病越重。施用氮肥过量和排水不良的果园发病重,施用有机肥和绿肥的果园病害较轻。

(四)主要防治方法

1.改善栽培管理条件

增施有机肥和绿肥,严防偏施氮肥。秋施基肥时,添加过磷酸钙。

2.叶面喷钙

盛花期后,每隔15~20天,喷施糖醇钙。

十一、苹果根朽病

(一)症状

苹果根朽病主要危害根茎部和主根,也可危害树干和枝条。病部水渍状,紫褐色溃烂,有蘑菇气味。

(二)病原

病原属于担子菌亚门,在病根皮层长有白色扇状菌丝层,初时具有荧光现象,老熟至黄褐色至棕色,不发光。

(三)发病规律

发病后病菌沿根茎、主根向上下蔓延,病部为水渍状、紫褐色,有溢出的褐色液体。病害扩展快,常造成根茎部环割而使植株枯死,病组织伴有浓厚的蘑菇气味。新鲜的菌丝层或病组织在黑暗处可发出蓝绿色荧光。发病初期仅皮层溃烂,后期木质部也腐烂。高温多雨季节,在潮湿的病树根茎部或露出土面的病根处常有丛生的蜜黄色蘑菇状实体长出。

(四)主要防治方法

1.加强果园管理

发现病树及时治疗,并定期用药剂灌根。加强果园管理,及时排水,增施肥料,掘除病株及病穴消毒,对发病果树,及早掘出并收集销毁。

2.病树治疗

出现病树,找到根茎病斑,继而找到发病点,彻底清除病部。伤口须用高浓度杀菌剂如硫酸铜、石硫合剂、五氯酚钠或抗菌剂 402 等涂抹或喷施进行消毒,再涂以波尔多液等保护剂,最后用药土(五氯硝基苯和土混合而成)覆盖。必要时通过嫁接或桥接换心根。

3.药剂灌根

每年于早春和夏末分别用药剂灌根一次,每株灌药液 50~100 kg。

4.其他防治方法

病株周围挖 1 m 以上的深沟加以封锁,于秋季扒土晾根,选用无病苗木或对苗木消毒等。

十二、苹果黑星病

(一)症状

果实的表面和叶片的背面有圆形点状病斑,病斑上有黑色霉状物。

(二)病原物

病原物为子囊菌亚门,无性阶段为半知菌亚门丝孢纲丝孢目暗色菌科。

(三)发病规律

叶片染病,初现黄绿色圆形或放射状病斑,后变为褐色至黑色;上生一层黑褐色绒毛状霉菌,即病菌分生孢子梗及分生孢子。发病后期,病斑相连致叶片扭曲变畸。嫩叶染病,表面呈粗糙羽毛状,中间产生黑霉或病斑,周围健全组织变厚,致病斑上凸,背面形成环状凹入。受害严重时叶片变小、变厚,呈卷缩或扭曲状。叶柄上的病斑呈黑色长条状,果实染病,初生淡绿色斑点,圆形或椭圆形,渐变褐色至黑色,表面也产生黑色线状霉层,病斑逐渐凹陷、硬化,常发生星状开裂。幼果染病常致畸形。嫩梢染病,形成黑褐色长圆形病斑、凹陷。花器染病,花瓣褪色,萼片尖端病斑呈灰色,花梗变黑色,形成环切时,造成花和幼果脱落。

(四)主要防治方法

1.加强检疫

严格执行检疫制度,谨防带病苗木、接穗和果实传入无病区。

2.清除初侵染源

秋末冬初彻底清除落叶、病果,集中烧毁或深埋,或在地面喷洒0.5%二硝基邻甲酚钠或4∶4∶10的波尔多液,以杀死病叶中的子囊孢子。

3.喷药保护

喷药时期最为关键。早熟品种于5月中旬开花期开始喷洒;以后每隔15天喷洒一次,共喷5次。也可用77%可杀得可湿性粉剂500倍液、70%代森锰锌可湿性粉剂、50%苯菌灵可湿性粉剂、50%多菌灵可湿性粉剂、70%甲基硫菌灵超微可湿性粉剂等喷药保护。

十三、苹果根癌病

(一)症状

苹果根癌病危害部位为根部,发病部位有淡褐色瘤状物,树势衰弱。

(二)病原

病原为根癌土壤杆菌,是一种细菌。

(三)发病规律

发病初期在病部形成灰白色至淡褐色瘤状物,表面粗糙不平,其内部组织松软,肉质。随着树体的生长和病情扩展,瘤状物不断增大,外层细胞枯死变成暗褐色,内部木质化,有的在癌瘤表面或四周生长细根。瘤体大小不一,病树根系发育不良,地上部不长或矮小瘦弱,严重时叶片黄化早衰,植株干枯死亡。

（四）主要防治方法

（1）采用芽接法育苗，尽量少用或不用根枝嫁接，可减少发病。

（2）注意防治地老虎、蝼蛄等地下害虫，减少虫伤及防止其他根部伤害。

（3）苗木出圃时严格检查，发现病瘤时应彻底切除，然后用1%硫酸铜液浸渍 10 min，或链霉素 100～200 mg/kg 浸 20～30 min，或 50 倍液的抗菌剂 402 消毒切口，外涂波尔多液保护，也可用30%石灰乳浸泡 1 小时后，用水冲净再定植。焚烧发病严重的病苗。

（4）重病圃和重病园种植不感病作物进行 3 年以上轮作，减少菌源。在根癌病多发区，定植时用放射土壤杆菌 84 号（K84）浸根后定植，对预防该病有效。

（5）治疗病树。结果树发病，扒开根茎部土壤，把病瘤切掉刮净，然后用1%硫酸铜液或 50 倍液的抗菌剂 402 消毒切口，再用石硫合剂渣子或波尔多液保护，也可用二硝基甲酚钠 20 份、木醇 80 份混合后处理。

十四、苹果花叶病

（一）症状

叶片失绿黄化，严重的叶片坏死、皱缩、扭曲、早期落叶。

（二）病原物

苹果花叶病毒是从带有苹果花叶症状的样品中分离出而得名的，该病毒是雀麦花叶病毒科等轴不稳环斑病毒属的成员。

（三）发病规律

苹果花叶病可形成多种症状。

（1）斑驳型：病叶上病斑大小不等，形状不同，呈鲜黄色，边缘清晰，后期病斑常干枯。

（2）花叶型：病叶上出现大块的深绿或浅绿色病斑，边缘不清晰。

（3）条斑型：病叶的叶脉失绿黄化，并延及附近的叶肉组织。

（4）镶边型：叶片的边缘发生黄化，在边缘形成一条黄色镶边。

（5）环斑型：叶片上表现为鲜黄色环状或近环状斑纹，环状斑纹内仍为绿色。通常在同一株、同一枝,甚至同一叶片上几种症状同时出现,有时也只出现一种类型。

(四)主要防治方法

1.加强果园管理

(1)选用脱毒苗木建园。育苗时接穗一定要严格挑选健株,苗木要采用种子繁殖的实生苗,避免使用根蘖苗,尤其是病株的根蘖苗。

(2)拔除病株。对重病树和病幼树,应及时刨除,并对土壤进行消毒,以防病毒传播。

(3)加强树体管理,对病株加强土肥水管理,增强树势,提高树体的抗病能力,减轻危害程度。

2.药剂防治

可施用小叶灵(盐酸吗啉胍·乙酸铜)、1.5%植病灵乳剂、壳聚糖。

第二节　苹果主要虫害

一、桃小食心虫

桃小食心虫属鳞翅目果蛀蛾科,又称桃蛀果蛾,简称桃小。

(一)为害状

桃小食心虫危害苹果时,多从果实胴部或顶部蛀入,2~3天后从蛀入孔流出果胶滴,果胶滴干涸后留下白色蜡质物。幼虫蛀果后,在皮下和果内纵横取食,果面变形凹陷,形成"猴头果"。近成熟的果实受害,一般果形不变,但果实虫道内充满红褐色虫粪,形成"豆沙馅"。

(二)识别特征

幼虫:低龄幼虫黄白色。

老熟幼虫:体长13~16 mm,桃红色。

成虫:灰褐色小蛾,体长5~8 mm,翅展13~18 mm,前翅近前缘中央有一个黑褐色三角形斑,并有9个突起的蓝褐色毛丛,复眼红色。雌蛾下唇须长且前伸,雄蛾下唇须短而上翘。

卵:圆筒形,初产淡黄色,后变为橙红色,顶端有2~3圈"Y"形刺。

蛹:淡黄色,接近羽化时变为灰黑色。

茧:有越冬茧和化蛹茧之分,越冬茧扁豆形,直径 6 mm,化蛹茧纺锤形,长 8~13 mm。

(三)发生规律

桃小食心虫在我国分布广泛,可危害多种果树,根据地区不同,每年发生 1~3 代。

以老熟幼虫在土中结冬茧越冬,一般存在于土表 3~10 cm。越冬幼虫一般年份在麦收前 25 天左右开始出土,麦收时进入出土盛期,整个出土期可延续 60 多天,且出土高峰受温度、降水或浇水影响明显。越冬幼虫从冬茧爬出后在土块下结化蛹茧,蛹期 14 天左右,羽化为成虫后交尾产卵。卵一般产在果实的萼洼处,卵期 6 天左右。

(四)主要防治方法

1.果实套袋防治

在桃小食心虫产卵前套袋,一般应在 6 月下旬前套袋结束。

2.地面防治

施药时期可从诱捕到第一头雄蛾开始,也可用人工埋茧法监测幼虫出土期。

确定越冬幼虫出土期时,可在树冠下的地面喷施45%毒死蜱乳油300 倍液,可选择在雨前喷药,或者喷药后浇湿地面,然后耙松表土,20天后再喷一次。

3.树上喷药防治

从 5 月底开始悬挂桃小食心虫性诱捕器,6 月麦收后,检测成虫的发生量,每 15 亩挂一个诱捕器。当每天每个诱捕器诱到 20 头蛾子时,树上调查卵果率;当卵果率达到 1% 以上时,及时喷药。药剂可选择:2.5%高效氯氟氰菊酯水乳剂 1 000 倍液、25 g/L 溴氰菊酯乳油 1 000倍液等。第一代幼虫大量脱果后 10 天左右,继续使用诱捕器检测成虫发生期,采取上述方法防治。

二、梨小食心虫

梨小食心虫,属鳞翅目,卷蛾科,又称东方蛀果蛾、桃折心虫,俗称

"打梢虫"。在国内广泛分布,为害苹果、桃、李、樱桃、杏、沙果、山楂、枣、海棠等果树。以幼虫钻蛀为害果树新梢和果实,在苹果树上主要为害果实。

(一)为害状

嫩梢受害后很快枯萎,同时幼虫转移至其他嫩梢继续为害,每个幼虫可为害 3~4 个新梢。幼虫为害果实多从果与果相贴处蛀入,初期入果较浅,入果孔周围凹陷,变黑腐烂,表面有细粒虫粪,俗称"黑膏药"。果实上的脱果孔较大,周围粘有虫粪。剥开虫果可见虫道直达果心,咬食种子,虫道内和心室内有细粒虫粪。

(二)识别特征

幼虫:老熟幼虫体长 10~13 mm,头部黄褐色,体背面粉红色,腹面色浅。低龄幼虫体白色,头及前胸背板黑色。

成虫,体长 4.6~6.0 mm,翅展 10.6~15.0 mm。虫体灰褐色,翅前缘上有 10 组白色短斜纹,近外缘处约有 10 个黑斑,翅面中央有 1 个小白点。后翅浅灰褐色。

卵:扁椭圆形,初产时为乳白色半透明,后变为浅黄色。

蛹:黄褐色,长 7~8 mm。

茧:长椭圆形,长约 10 mm,白色丝质。

(三)发生规律

发生代数因各地气候不同而异。华南 1 年发生 6~7 代,华北 1 年发生 3~4 代。以老熟幼虫在果树枝干缝隙、主干根茎周围表土、堆果场所等处结茧越冬,第二年 3 月下旬至 4 月上中旬化蛹,4 月上中旬为越冬代成虫高峰期,卵期 7~10 天,第一代幼虫于 5 月上旬发生,为害嫩梢,一般第一代约历期 45 天,第二代历期约 35 天,以后各代历期约 30 天左右。

(四)主要防治方法

1.人工防治

8 月上中旬,在树干上束草或瓦楞纸,诱集越冬幼虫,冬季刮除老、翘皮,并解除束草或瓦楞纸,集中烧毁。4 月发现苹果梢顶端叶片刚变色并且枯萎时,及时剪去被害梢,并集中销毁。

2.性诱剂监测防治或迷向器防治

在树冠上部悬挂性诱剂引诱雄虫,监测到成虫高峰后,开始准备在卵孵化高峰期用药防治,或悬挂迷向器,利用较大剂量的性信息素干扰成虫交配,从而达到防治目的。此法需要连片防治,防治效果比较好。

3.药剂防治

结合性诱剂监测,在成虫高峰期前后 3 天左右,间隔 3 天药剂喷雾 1~2 次。药剂可选择 2.5%高效氯氟氰菊酯悬浮剂 1 000 倍液、1.8%阿维菌素乳油 2 000 倍液、20%氯虫苯甲酰胺悬浮剂 4 000 倍液、3%甲氨基阿维菌素苯甲酸盐悬浮剂 2 000 倍液。

三、苹果绵蚜

苹果绵蚜属同翅目,绵蚜科,又称血色蚜虫、赤蚜、绵蚜等,在全国各地均有分布。

(一)为害状

以成虫和若虫集中于剪锯口、病虫伤疤周围、主干主枝裂皮缝里、枝条叶柄基部和根部为害,被害部位大都形成肿瘤,肿瘤老化后破裂,阻碍水分、养分的疏导,受侵袭根不能长出须根,受害枝条发育不良,形不成花芽。由于蚜虫腹部背面覆盖有白色蜡质绵毛,导致蚜虫群落呈现白色棉絮状,棉絮剥开后为红褐色虫体,极易辨认。

(二)识别特征

卵:长约 0.5 mm,初产时橙黄色,3~4 天后变为褐色,长圆形。

若蚜:共 4 龄,体略呈圆筒形,赤褐色,被白色蜡丝。

成蚜:成蚜包括无翅孤雌蚜、有翅孤雌蚜、性蚜三种。

无翅孤雌蚜:体长 1.7~2.1 mm,近椭圆形,肥大,暗红褐色,背面有大量白色长蜡毛。

有翅孤雌蚜:体长 2.3~2.5 mm,头胸部黑色,腹部暗褐色,体被白粉,腹部有白色长蜡丝。

性蚜:有性雌蚜体长约 1 mm,淡黄褐色,有性雄蚜体长约 0.7 mm,黄绿色。

(三)发生规律

4月底至5月初越冬代若蚜发育为无翅孤雌蚜进行繁殖,每雌虫可产若蚜 60 头左右,最多可产 170 余头。新生若蚜即向当年生枝条进行扩散转移,5月底至6月为发生最盛期。

(四)主要防治方法

可在苹果萌芽后、越冬若虫出蛰盛期(4月中旬)及第一代、第二代绵蚜迁移期(5月下旬至6月初)各防治一次。

药剂可选择48%毒死蜱乳油 1 000 倍液、75%螺虫乙酯或吡蚜酮干悬浮剂 4 000 倍液、5%啶虫脒乳油 1 500 倍液。

也可于4~5月,将树干周围 1 m 范围内的土壤扒开,露出根部,使用 70%吡虫啉水分散粒剂 6 000 倍液或 25%噻虫嗪水分散粒剂 2 000 倍灌根。

四、绣线菊蚜

绣线菊蚜属半翅目蚜科,又称苹果黄蚜,在我国普遍发生。其寄主有苹果、桃、李、杏、海棠、梨、石榴、柑橘、绣线菊和榆叶梅等多种植物。

(一)为害状

若虫、成虫常群集在新梢上和叶片背面为害,受害叶片向背面横卷,严重时新梢上叶片全部卷缩,严重影响新梢生长和树冠扩大。当虫口密度大时,许多蚜虫还可爬至幼果上,为害果实。

(二)形态特征

卵:椭圆形,长径约 0.5 mm,初产浅黄、孵化前漆黑色、有光泽。

若虫:体鲜黄色。无翅若蚜腹部较肥大,腹管短;有翅若蚜胸部发达,具翅芽,腹部正常。

成虫:无翅孤雌胎生蚜体长 1.6~1.7 mm、宽约 0.95 mm。体黄色或黄绿色,头部、复眼、口器、腹管和尾片均为黑色,触角显著比体短,腹管为圆柱形,末端渐细,尾片圆锥形,生有 10 根左右弯曲的毛。

有翅孤雌胎生蚜体长约 1.6 mm,翅展约 45 mm,体色黄绿色,头、胸、口器、腹管和尾片均为黑色,触角丝状 6 节,较体短,体两侧有黑斑,并具明显的乳头状突起。

(三)发生规律

绣线菊蚜 1 年发生 10 余代,以卵于枝条的芽旁、枝杈或树皮缝等处越冬,以 2~3 年生枝条的分杈和鳞痕处的皱缝卵量多。次年春天寄主萌芽时开始孵化,并群集于新芽、嫩梢、新叶的叶背开始为害。至 10 月,雌、雄有性蚜交配后产卵,以卵越冬。

(四)主要防治方法

1.生物防治

绣线菊蚜的天敌很多,主要有瓢虫、草蛉、食蚜蝇和寄生蜂等,这些天敌对绣线菊蚜有很强的控制作用,应当注意保护和利用。在北方小麦产区,麦收后有大量天敌迁往果园,这时在果树上应尽量避免使用广谱性杀虫剂,以减少对天敌的伤害。

2.化学防治

苹果树花芽萌动时,可用 75%螺虫乙酯吡蚜酮干悬浮剂 5 000 倍液,或 22%氟啶虫胺腈悬浮剂 5 000 倍液,或 50%噻虫嗪水分散粒剂 3 000倍液,或 20%吡虫啉可湿性粉剂 2 000 倍液喷雾防治。

五、金纹细蛾

金纹细蛾属鳞翅目细蛾科,又称苹果细蛾、苹果潜叶蛾。在我国北方果区均有发生,主要危害苹果、沙果、海棠和山定子等果树。

(一)为害状

发生轻时影响叶片光合作用,严重时造成叶片早期脱落,影响树势与产量。以幼虫在叶片内潜食叶肉,形成椭圆形虫斑,下表皮皱缩,叶面呈筛网状拱起,虫斑内有黑色虫粪。一张叶片上常有多个虫斑。

(二)识别特征

卵:扁椭圆形,乳白色,半透明,有光泽。

幼虫:幼龄时淡黄绿色,老熟后变黄色,体长约 6 mm,呈纺锤形,稍扁。

蛹:长约 4 mm,梭形,黄褐色。

成虫:体长约 2.5 mm,翅展 6.5~7 mm,体金黄色;前翅狭长,黄褐色,前翅前缘及后缘各有 3 条白色与褐色相间的放射状条纹;后翅尖细,有长缘毛。

(三)发生规律

金纹细蛾 1 年发生 4~5 代,以蛹在被害的落叶内越冬。翌年苹果萌芽后逐渐进入羽化期,越冬代成虫多在发芽早的苹果品种上及根蘖苗上产卵。卵多产在嫩叶背面的茸毛下,单粒散产,卵期 7~10 天。幼虫孵化后从卵底直接钻入叶片内,潜食叶肉,致使被害部位叶背仅残留表皮;秋季最后一代幼虫老熟后在虫斑内化蛹。

(四)主要防治方法

1.人工防治

搞好果园卫生,落叶后至发芽前,彻底清除果园内外的苹果落叶,集中深埋或烧毁,消灭越冬虫蛹,这是防治金纹细蛾最有效的措施,凡彻底扫净的果园,翌年发生甚轻。因为越冬代金纹细蛾成虫多集中产卵于树下根蘖苗上。在第一代幼虫化蛹前,即苹果发芽后、开花前,尽量剪除树下无用的根蘖苗,集中处理或销毁,降低园内虫口密度,减轻树上的防治压力。

2.性诱剂迷向和诱杀防治

当田间金纹细蛾种群密度较低时,可采用性引诱剂诱捕金纹细蛾雄虫,或采取性信息素迷向法干扰成虫交尾,控制田间种群数量。

3.药剂防治

一般孤立果园,每年果树落叶后,只要做到彻底清除落叶,就能控制金纹细蛾的危害,不用再进行药剂防治。在金纹细蛾发生特别严重的果园,应重点抓住第一、第二代幼虫发生初期及时喷药,每代喷药 1 次,然后在第三、第四代幼虫发生期,每代适当喷药 1~2 次。具体喷药时间利用金纹细蛾性引诱剂诱捕器进行测报,在成虫盛发高峰后 5 天左右进行喷药。药剂可选择 20%氯虫苯甲酰胺悬浮剂 4 000 倍液,或 1.8%阿维菌素乳油 2 000 倍等。

六、梨花网蝽

梨花网蝽又叫梨网蝽,属半翅目网蝽科,主要为害苹果、梨等叶片。

(一)为害状

成虫、若虫群集叶背刺吸汁液,被害叶呈现黄白色斑点,严重时大量斑点形成大块黄白色失绿斑,甚至变成大块褐色铁锈状枯斑,叶片提早脱落,对树势、产量和果实品质均有严重影响。

(二)识别特征

卵:椭圆形,淡黄色,透明,一端弯曲,长约 0.6 mm,产于叶肉组织内,从叶片背面看,只能见到黑色小斑点状卵盖,此系成虫排泄的褐色胶状物。

若虫:初孵若虫白色透明,体长约 0.7 mm,变淡绿,2 龄若虫腹部背面变黑,3 龄时出现翅芽,腹部两侧具 7 对刺状凸起,5 龄若虫体长约 2 mm,翅芽长至腹部第二对凸起。

成虫:体扁平,长约 3.5 mm,暗褐至黑褐色,前胸背板两侧向外突出呈翼状,前胸青板和前翅均分布有网状花纹,静止时两前翅后缘交叉成"×"字纹,腹部金黄色,上有黑色斑纹。

(三)发生规律

黄河故道地区 1 年发生 4~5 代,以成虫在落叶、杂草、树干翘皮下及土块缝隙中越冬。果树发芽后,成虫出蛰活动,多集中于树冠下层的叶片背面取食、交配、产卵。成虫每次产卵 1 粒,卵产于叶肉组织内,且卵外覆有胶状物。每头雌虫可产卵 8~26 粒。初孵若虫活动力弱,群集叶背为害。第一代若虫盛期在 5 月下旬,发生期集中整齐,受害叶片呈苍白色。第一代成虫于 6 月上旬出现,第二代成虫于 7 月中旬开始出现,以后各代重叠发生,极不整齐。7~8 月是为害最重的时期,10 月以后,成虫陆续潜伏越冬。

（四）主要防治方法

1.清除虫源

冬春季节要做好清园工作,彻底清除落叶,集中烧掉。

2.化学防治

化学防治主要放在第一代若虫发生高峰期,即5月下旬防治,药剂可选用7.5%高效氯氟氰菊酯吡虫啉悬浮剂800倍液。

七、大青叶蝉

大青叶蝉属半翅目叶蝉科,又叫大绿浮沉子,寄主范围广,包括苹果、梨、桃、葡萄等多种果树及许多其他植物。

（一）为害状

以成虫和若虫刺吸寄主植物枝梢、茎秆和叶片等的汁液危害,但更重要的是,成虫使用产卵器划破树皮产卵,使枝条表皮呈月牙状翘起,严重时枝条失水干枯。

（二）形态特征

卵:长圆形,中部弯曲,黄白色,七八粒排列成1个月牙形卵块。

若虫:灰白色、黄绿色,3龄以后长出翅。

成虫:体长9~10 mm,绿色,头部黄色,顶有两个黑点,前翅端部灰白色,半透明。

（三）发生规律

1年发生3代,以卵在枝干表皮下越冬,翌年果树发芽后卵开始孵化,若虫迁移到附近的杂草和蔬菜上为害,以后转移到玉米、高粱等农作物上为害。晚秋后大部分转移到白菜、萝卜等菜田为害,10月中下旬成虫飞回果树上产卵越冬。

（四）防治方法

1.树干涂白

10月上旬成虫飞来果园之前,幼龄树干涂刷白涂剂,阻止雌虫在树枝上产卵。

2.化学防治

秋季虫量大的果园,特别对于1~3年生幼树,成虫飞来产卵时,喷施药剂防治。药剂可选择20%吡虫啉可湿性粉剂1 500~2 000倍液,或50%噻虫嗪水分散粒剂3 000倍液,或7.5%高效氯氟氰菊酯吡虫啉悬浮剂800倍液。

八、叶螨类

(一)为害状

山楂叶螨和二斑叶螨,症状为害主要在叶片背面,受害叶片正面可见失绿黄点,严重时呈黄糊色,可引起落叶。

苹果全爪螨,症状为害主要在叶片正面,数量多时才向背面扩散。受害叶片变成灰绿色,严重时也会引起落叶。

(二)识别特征

叶螨类识别特征如表8-1所示。

表8-1　叶螨类识别特征

识别特征	山楂叶螨	二斑叶螨	苹果全爪螨
成螨	越冬型鲜红色,夏型枣红色,体枣状、椭圆形	越冬型橘红色,夏型乌白色,体两侧各有明显的褐色斑一个	体暗红色,体型较山楂叶螨为圆,且小
卵	圆球形,黄白色		越冬卵和夏卵均为红色,圆形,上有一柄,颇似洋葱头
幼螨	3对足,蜕皮一次后成4对足的若螨		初孵为浅黄色,后变为红色,足3对
若螨	取食后成暗绿色	白色,胴部也有两个明显的褐色斑	蜕皮若螨,足4对

(三)发生规律

叶螨类发生规律如表 8-2 所示。

表 8-2　叶螨类发生规律

叶螨类	山楂叶螨	二斑叶螨	苹果全爪螨
发生规律	以成螨在树皮下、干基土缝中越冬,花芽膨大期出蛰,落花后出蛰结束,麦收前气温升高,繁殖加快。山楂叶螨先集中在近大枝附近的叶簇上危害,麦收期间数量多时大量扩散,6 月危害最烈。7~8 月根据树体营养状况进入越冬,早晚不一	以受精雌成螨主要在地面土缝中越冬,少数在树皮下越冬。惊蛰后,逐渐开始在地面杂草、间作物上活动,近麦收时才开始上树危害。上树后开始主要集中在内膛,6 月下旬开始扩散,7 月危害最烈。二斑叶螨在条件适宜时,7~8 天可发生 1 代,繁殖力强,抗药性强	以卵在短果枝、2 年生以上枝条上越冬。越冬卵孵化高峰期在'红星'品种花蕾变色期。一般麦收前后是危害高峰期,夏季叶面数量较少,秋季数量回升,又出现小高峰

(四)主要防治方法

叶螨类主要防治方法如表 8-3 所示。

表 8-3　叶螨类主要防治方法

叶螨类	山楂叶螨	苹果全爪螨	二斑叶螨
主要防治方法	消灭山楂叶螨的越冬螨和苹果全爪螨的越冬卵,在果树萌动初期喷施 3~5 波美度石硫合剂		地面防治:麦收前注意清除地面杂草和根蘖,发现间作作物有二斑叶螨危害时,及时喷药

叶螨类	山楂叶螨	苹果全爪螨	二斑叶螨
主要防治方法	苹果花前花后,以及生长季节,喷施杀螨剂防治 药剂可选择:1.8%阿维菌素2 000倍液、240 g/L 螺螨酯悬浮剂4 000倍液、43%联苯肼酯3 000倍液、30%乙唑螨腈悬浮剂3 000倍液,110 g/L 乙螨唑悬浮剂5 000倍液		树上防治:6 月发现二斑叶螨时,及时喷药防治 药剂可选择:240 g/L 螺螨酯悬浮剂4 000 倍液、43%联苯肼酯3 000 倍液、30%乙唑螨腈悬浮剂3 000 倍液、110 g/L 乙螨唑悬浮剂5 000 倍液

九、金龟子类

(一)为害状

黑绒金龟子主要取食嫩芽、新叶和花朵,尤其嗜食嫩芽嫩叶,严重时聚集暴食。

苹毛丽金龟子食性广,主要以成虫取食花蕾、花朵和嫩叶等,严重时可将花期组织吃光。

铜绿丽金龟子主要以成虫取食叶片,造成叶片残缺不全,严重时可将叶片吃光。幼虫地下取食果树和其他植物根系,危害也较重。

(二)识别特征

危害苹果的金龟子主要有黑绒鳃金龟子(鳃金龟科)、苹毛丽金龟子(丽金龟科)、铜绿丽金龟子(丽金龟科)识别特征如表 8-4 所示。

表 8-4　金龟子识别特征

金龟子类	黑绒鳃金龟子(成虫)	苹毛丽金龟子(成虫)	铜绿丽金龟子(成虫)
识别特征	体长 6～9 mm,体棕褐色或黑色,密被灰黑色绒毛,鞘翅在阳光下呈紫黑色光泽	体长 9～13 mm,头和胸部古铜色,被黄白色绒毛,鞘翅茶褐色,有金属光泽	体长 20 mm,头胸背面深绿色,鞘翅铜绿色

(三)发生规律

金龟子类发生规律如表8-5所示。

表8-5　金龟子类发生规律

金龟子类	黑绒鳃金龟子（成虫）	苹毛丽金龟子（成虫）	铜绿丽金龟子（成虫）
发生规律	每年1代,以成虫在土中越冬,萌芽期出蛰,晴朗天气傍晚出土取食	每年发生1代,以成虫在土中越冬,近开花时出蛰,先在杨柳树上取食嫩叶,果树开花时取食花器	每年发生1代,以老熟幼虫在土壤中越冬,5月开始出土羽化为害,成虫危害期较长

(四)主要防治方法

1.物理防治

(1)利用金龟子类的假死性:傍晚可人工振动树枝后捕杀成虫。

(2)诱捕杀虫:使用糖醋液或频振杀虫灯诱杀。

2.化学防治

(1)地表用药。黑绒金龟子和苹毛丽金龟子,可在苹果开花初期,于地面喷施药剂,随后轻耙土表,将药土混入土中;或于雨前地面喷施药剂,随后雨水将药液淋入地下防治。喷施药剂可选择522.5 g/L毒死蜱氯氰菊酯乳油800倍液、45%毒死蜱乳油800倍液。撒施药剂可选择15%毒死蜱颗粒剂,每亩撒施1 000 g。

(2)树上杀虫。成虫发生期,可于傍晚喷施药剂防治,药剂可选择7.5%高效氯氟氰菊酯吡虫啉悬浮剂800倍液、45%毒死蜱乳油1 000倍液。

十、草履蚧

(一)为害状

为害苹果、梨、猕猴桃、樱桃、核桃等果树。若虫、雌成虫常以刺吸式口器聚集在嫩枝、幼芽等处吸汁危害,致使树势衰弱、发芽迟、生长不良,严重时,造成早期落叶,甚至死枝死树。

(二)识别特征

雌成虫:体长 7.8~10 mm,体扁平,长椭圆形,背面淡灰紫色,腹面黄褐色,周缘淡黄色,被一层霜状蜡粉,腹部有横列皱纹和纵向凹沟,形似草鞋。

雄成虫:体紫红色,长 5~6 mm,翅 1 对,淡黑色。

若虫与雌成虫相似,但体小,色深。

(三)发生规律

该虫 1 年 1 代,以卵在寄主植物树根部周围的土中越夏、越冬。翌年 1 月中下旬越冬卵开始孵化,2 月中旬至 3 月中旬为出土盛期。若虫多在中午前后沿树干爬到嫩枝顶部,刺吸危害,稍大后,喜在直径 5 cm 左右的枝干取食,以阴面为多。3 月下旬至 4 月下旬,第 2 次蜕皮后陆续转移到树皮裂缝、树干基部、杂草中、土块下结薄茧化蛹。5 月上旬羽化,雌若虫第 3 次蜕皮后变为雌成虫,交配后沿树干下爬到根部土层中产卵。雌虫产卵后即干缩死去,田间为害期 3~5 月。

(四)主要防治方法

1. 清除越冬虫源

秋冬季节结合果树栽培管理,挖除土缝中、杂草下等处卵块烧毁。

2. 树干绑塑膜带

在树干离地面 60~70 cm 处,先刮去一圈老粗皮,绑 5 cm 宽塑膜袋,然后在塑膜上涂抹杀虫药膏,若虫上树时,即接触药膏触杀死亡。

3. 化学药剂防治

药剂可选择 40% 杀扑磷 600~800 倍液、48% 毒死蜱乳油 800~1 000 倍液。

十一、桑白蚧

(一)为害状

雌成虫和若虫群集固着在枝干上刺吸汁液,严重时,介壳密集重叠。受害后,花木生长不良,树势衰弱,甚至枝条或全株死亡。

(二)识别特征

雌介壳:圆形或近圆形,长 2～2.5 mm,灰白色,背面微隆,有螺旋纹;壳点黄褐色,偏在介壳的一方。雌成虫体宽,体长约 1 mm,卵圆形,橙黄或橘红色。

雄介壳:细长,白色,长 1 mm 左右,背面有 3 条纵脊,壳点橙黄色,位于介壳的前端。

(三)发生规律

世代数因地而异,1 年可发生 2～5 代。以受精雌成虫固着在枝条上越冬。春天,越冬雌虫开始吸食树液,虫体迅速膨大,体内卵粒逐渐形成,遂产卵在介壳内,每雌虫产卵 50～120 粒。各代若虫孵化期分别在 5 月上、中旬,7 月中、下旬及 9 月上、中旬。若虫孵出,从介壳底下各自爬向合适的处所,以口针插入树皮组织吸食汁液后就固定不再移动,经 5～7 天开始分泌出白色蜡粉覆盖于体上。雌若虫期 2 龄,第 2 次脱皮后变为雌成虫。雄若虫期也为 2 龄,脱第 2 次皮后变为"前蛹",再经蜕皮为"蛹",最后羽化为具翅的雄成虫。但雄成虫寿命仅 1 天左右,交尾后不久死亡。

(四)主要防治方法

1.人工防治

因其介壳较为松弛,可用硬毛刷或细钢丝刷刷除寄主枝干上的虫体。结合整形修剪,剪除被害严重的枝条。

2.化学防治

根据调查测报,在初孵若虫分散爬行期实行药剂防治,尤其是第一代若虫期。药剂可选择 40%杀扑磷乳油 600～800 倍液、48%毒死蜱乳油 800~1 000 倍液、75%螺虫乙酯吡蚜酮水分散粒剂 4 000 倍液、7.5%高效氯氟氰菊酯吡虫啉悬浮剂 800 倍液。

十二、康氏粉蚧

(一)为害状

为害枝条和果实,为害枝条会肿胀,枝条纵裂枯死,危害幼果后形成畸形果,后期在果实萼凹为害导致黑疤。排泄的分泌物引起霉污病,套袋栽培发生严重。

(二)识别特征

雌成虫:虫体长 3~5 mm,扁平,椭圆形,体粉红色,表面被有白色粉状蜡质,体周缘具 17 对白色蜡丝,体前段的蜡丝较短,体后端蜡丝长,尾端 1 对蜡丝特长,几乎和体长相当。

雄成虫:体长 1 mm,翅展 2 mm,紫褐色,若虫体扁平,淡黄色。

(三)发生规律

每年发生 2~3 袋,以卵在枝干皮缝下越冬,春季发芽后卵开始孵化,若虫在叶柄基部、树干皮缝处为害,发育成熟后,成虫在粗皮下、果实萼凹处产卵,套袋果实危害严重。

(四)防治方法

1.人工防治

对于点片发生的园区,采取人工刮树皮清除越冬虫源,有效阻止其在全园蔓延。

2.化学防治

化学防治时机应掌握卵孵化末期进行,可在套袋以前防治。药剂可使用 40%毒死蜱 800 倍液、40%杀扑磷 600~800 倍液、75%螺虫乙酯吡蚜酮水分散粒剂 4 000 倍液。

十三、梨圆蚧

(一)为害状

枝条受害后出现大量密集的灰白色小点,即该种蚧的虫体介壳,枝条被吸食汁液后导致皮层木栓化甚至干缩枯死,果实被寄生后,虫体多集中在萼凹附近。

(二)识别特征

雌成虫:无翅,体扁圆形,黄色,口器丝状,着生于腹部,体被灰色圆形介壳,直径约1.3 mm,中央稍隆起,壳顶黄色或褐色,表面有轮纹。

雄成虫:有翅,体长0.6 mm,翅展约1.2 mm,头、胸部橘红色,腹部橙黄色,触角鞭状。

(三)发生规律

梨圆蚧在苹果上1年发生3代,以二龄若虫和少数受精雌成虫在枝干上越冬。翌年早春,树液流动后开始在越冬处刺吸汁液危害,若虫越冬蜕皮后雌雄分化。

5月中下旬到6月上旬羽化为成虫,随后交尾,交尾后雄虫死亡,雌虫继续取食。6月中旬开始产卵,至7月上中旬结束。世代重叠严重,5月中旬至10月田间均可见到成虫、若虫发生危害。进而进入秋末后,以二龄若虫和少数受精雌成虫越冬。

(四)防治方法

1.人工防治

结合冬季和早春修剪管理,剪除虫口密度大的枝条或用硬毛细刷刷除枝干上的越冬虫态,可明显减少越冬虫源。

2.化学防治

可使用40%杀扑磷乳油600~800倍液、48%毒死蜱乳油800~1 000倍液、75%螺虫乙酯吡蚜酮水分散粒剂4 000倍液、7.5%高效氯氟氰菊酯吡虫啉悬浮剂800倍液等药剂防治。

十四、朝鲜球坚蚧

（一）为害状

以若虫和雌成虫刺吸汁液，1~2年生枝条上发生较多。初孵化若虫还可爬到嫩枝、叶片和果实上危害，二龄后多群集固定在小枝条上危害，虫体逐渐膨大，并逐渐分泌蜡质形成介壳。严重时，枝条上密密麻麻一片，致使枝叶生长不良，树势衰弱。果树发芽开花时期危害较重。

（二）识别特征

雌成虫：无翅，蚧壳半球形，横径约4.5 mm，高约3.5 mm，蚧壳红褐色，表面无明显皱纹，背部有纵列凹陷的小刻点3~4行或不成行列。

雄成虫：蚧壳长扁圆形，长约1.8 mm，白色，隐约可见分节，进化蛹时，蚧壳和虫体分开。

（三）发生规律

朝鲜球坚蚧1年发生1代，以二龄若虫在枝干裂缝、伤口边缘或粗皮处越冬，越冬位置固定后分泌白色蜡质覆盖身体。翌年4月上中旬，若虫从蜡质覆盖物下爬出，固着在枝条上吸汁液危害。雌虫逐渐膨大呈半球形，雄虫成熟后化蛹。5月初雄虫羽化，与雌成虫交尾后不久死亡。雌成虫于5月下旬抱卵于腹下，抱卵后雌成虫逐渐干缩，仅留空蚧壳，壳内充满卵粒，6月上旬左右孵化。初孵化若虫爬出母壳后分散在枝条上危害，至秋末蜕皮变为二龄若虫，随即蜕皮，壳下越冬。

（四）防治方法

1.消灭越冬虫源

果树萌芽初期，全园喷施1次45%硫黄悬浮剂400倍液，杀灭越冬若虫。

2.人工防治

在4月中旬虫体蚧壳膨大期，对枝条上集中危害的蚧壳虫用手或木棒挤压抹杀或结合春季修剪及时剪除虫量较大的枝条。

3.化学防治

可使用 40%杀扑磷乳油 600~800 倍液、48%毒死蜱乳油 800~1 000倍液、75%螺虫乙酯吡蚜酮水分散粒剂 4 000 倍液、7.5%高效氯氟氰菊酯吡虫啉悬浮剂 800 倍液等药剂防治。

参考文献

［1］束怀瑞.苹果学［M］.北京：中国农业出版社,1999.

［2］王宇霖.苹果栽培学［M］. 北京：科学出版社,2011.

［3］束怀瑞.果树栽培理论与实践［M］.北京：农业出版社,2009.

［4］张玉星. 果树栽培学总论［M］.4 版.北京：中国农业出版社,2011.

［5］张玉星. 果树栽培学各论［M］. 北京：中国农业出版社,2008.

［6］束怀瑞.苹果标准化生产技术原理与参数［M］.济南：山东科学技术出版社,2015.

［7］丛佩华.中国苹果品种［M］.北京：中国农业出版社,2015.

［8］龙兴桂.苹果栽培管理实用技术大全［M］.北京：农业出版社,1993.

附　图

附图 1-1　苹果矮砧宽行密植栽培模式

附图 1-2　大苗建园

附图 1-3　M9-T337 矮化自根砧木

附图 1-4　苗木处理

附图 1-5　苹果苗木定植与支撑系统

附图 1-6　苹果专用授粉树红玛瑙

附图 2-1　实生砧木的根系

附图 2-2　自根砧木苗根系

附图 2-3　苹果的花及初花期(一)

附图 2-4　苹果的花及初花期(二)

附图 4-1 嫁接苗的培育与管理

附图 5-1　苹果圆柱(主干)树形

附图 7-1　苹果园行间生草、行内清耕

附图 7-2　苹果园行间生草、行内覆膜